미니멀 감정육아

미니멀 감정육아

초판 1쇄 발행 | 2021년 6월 16일

지은이 | 우윤정
펴낸이 | 김지연
펴낸곳 | 마음세상

주 소 | 경기도 파주시 한빛로 70 515-501

신고번호 | 제406-2011-000024호
신고일자 | 2011년 3월 7일

ISBN | 979-11-5636-454-2 (03590)

원고투고 | maumsesang2@nate.com

* 값 13,300원

* 마음세상은 삶의 감동을 이끌어내는 진솔한 책을 발간하고
있습니다. 참신한 원고가 준비되셨다면 망설이지 마시고 연락
주세요.

미니멀 감정육아

우윤정 지음

마음세상

프롤로그

"엄마, 나 감정 조절 중이야!"

한창 떼를 쓰던 아이가 어느 순간, 감정 조절을 한다며 노력합니다. 금방 포기할 줄 알았는데, 아이는 곧, 잘 마음을 다스립니다.
"채린아, 괜찮아. 괜찮아. 조금 있으면 괜찮아질 거야."
라고 말을 하며 눈을 감는 아이를 보니, 웃음이 납니다.
엄마의 감정 조절을 보고는 어느 날, 자기도 따라 하겠다고 말합니다.
저는 감정적인 사람이었습니다. 조그마한 자극이나 일에도 감정이 롤러코스터처럼 오르락 내리락 했지요. 순간 화를 못 참아서 저 자신을 힘들게 하기도 했습니다. 그런 제가 엄마가 되었습니다. 육아는 저를 더 감정적으로 만들었습니다. 아이가 울거나 떼를 쓰면 제 감정은 휘몰아쳤습니다. 태

풍이 오기 전, 폭풍전야처럼 조용히 견뎌내다가 어느 순간 이성을 잃어 아이에게 큰소리를 질렀습니다. 한번 고장 난 감정 엑셀은 폭주하듯 화를 쏟아 냈고, 아이에게 상처를 주고 말았습니다.

그렇게 한번 쏟고 나면, 어김없이 후회와 미안함, 죄책감이 저를 집어삼켰습니다. '나는 형편없는 엄마야.', '아이에게 왜 화를 내는 거지?', '아이를 잘 키울 수 있을까?' 그런 불안함이 힘든 일을 겪고 나서 더 심해졌습니다.

온종일 가슴은 고장 난 듯 쿵쾅거리고, 잠은 두 시간 정도밖에 못 자는 나날이 지속되었습니다. 그렇게 몸과 마음이 망가져 버렸습니다. 자는 아이를 보며 눈물이 났습니다. 소중한 아이를 위해서라도 살고 싶어졌습니다. 그리고 저를 되돌아보게 되었습니다.

제 감정에는 어릴 적 상처로 인한 낮은 자존감, 엄마로서 완벽해지려고 했던 모습, 아이에 대한 기대감 등등 잘못된 감정들이 많았습니다. 그 감정들이 저를 힘들게 하고 있구나를 느꼈습니다. 그 후, 저는 부질없는 감정들은 내려놓고, 아이를 사랑하는 마음만 남고 육아하기로 했습니다.

그러더니 놀라운 변화가 일어났습니다. 엄마로서 부족한 부분을 인정하고 나니, 육아가 훨씬 더 쉬워졌습니다. 자책감을 내려놓으니 스스로 위로할 힘이 생겼고, 앞으로 잘해 낼 용기가 생겼습니다.

아이와 하루에 하나씩 소소한 행복을 누리고 저만의 감정 조절을 하게 되니, 육아가 즐거워졌습니다. 그리고 아이가 내 옆에 있다는 존재 자체에 감사함을 느끼게 되었습니다.

저는 어린이집 교사입니다. 어린이집에 근무하면서 학부모와 상담할 기회가 많은데, 많은 엄마가 저처럼 감정 조절을 못 해 힘들어하셨습니다.

죄책감과 미안함으로 눈물을 짓는 엄마도 많았습니다. 예전에 힘들었던 제가 떠올라 그런 부모들에게 힘이 돼주고 싶었습니다. '우리 애쓰지 말아요. 당신은 이미 충분히 좋은 엄마입니다.'라고 말해주고 싶었습니다.

제 책은 기존 육아서와는 다르게 엄마의 마음에 초점이 있습니다. 아이의 감정 조절 방법이 아닌 다양한 아이들의 성향을 고려하지 않은 획일적인 육아법이 아닙니다. 엄마의 마음을 어루만져 주며, 저만의 감정 조절 육아법 경험을 생생히 살려 에세이 형식으로 쉽게 풀어서 썼습니다.

제 육아법이 특별한 것이 아닐지는 모르겠습니다. 그러나 저처럼 싱글맘이고, 불안장애를 겪고, 휴게 어린이집 선생님으로 92만 원의 월급을 받는 어려운 상황 속에서도 감정만 잘 조절한다면 육아를 그리 스트레스받지 않고 할 수 있다고 생각합니다. 그런 저의 이야기에서 누군가는 위로받고, 용기를 얻었으면 좋겠습니다.

부디 책을 덮고 나서, 뭐 하나라도 남는 책이 되었으면 좋겠습니다. 그게 위안이든, 육아 팁이든 독자들의 시간과 물질적 비용이 아깝지 않은 책이 되고 싶습니다.

책이 나오기까지 고마운 분들에게 감사 인사를 드리고 싶습니다. 우선 저를 알아봐 주시고, 믿어주신 출판 관계자분들, 책을 쓰는 동안 아낌없이 격려해 준 부모님, 항상 동생을 생각해 주는 수란 언니, 제가 책을 쓸 수 있도록 많은 도움을 주고, 힘을 준 희경 언니, 말은 안 하지만 항상 저를 생각해 주는 내 동생 형택이,

마지막으로 저에게 새 삶을 살게 해준 이 책에 주인공 내 보물 채린이. 채린아, 너를 만나 엄마가 이만큼 성장을 하게 되었어. 고마워. 엄마는 채린

이를 우주 백만 배보다 더 사랑해^^

저같이 항상 실수하고, 자책하며 육아를 힘들어하는 엄마들에게 이 책을 통해 응원하고 싶습니다.

*책에 나오는 등장인물 이름은 가명입니다.

제1장

나는 '욱' 하는 엄마입니다

산모님, 출산보다 육아가 더 힘들어요

임신은 여자에게 축복이다. 여자로 태어나 경험해 보지 못한 세계를 만나게 해 준다. 처음으로 '엄마'라는 명함을 선물한다. 누군가에는 그립고, 또 누군가에게는 가슴 저린 이름 엄마. 나에게도 처음 '엄마'라는 직함을 준 아이가 있다.

"자기야, 우리 이제 결혼한 지도 1년이 넘었고, 슬슬 아기 가져야 하지 않을까? 부모님들도 말은 안 하지만 빨리 낳길 원하는 눈치야."

남들 시집가는 나이에 시집가고, 신혼은 즐겨야 한다며 1년 동안 신혼을 즐겼다. 시부모님 눈치에 이왕 낳을 거면 빨리 낳아야지 하는 생각에 덜컥 임신을 해버렸다. 배속에 내 아이가 있다고? 경이롭고 신기하기만 했지, 부모로서 책임과 준비는 없었다.

태명을 정하고 몸에 좋다는 건 매일 챙겨 먹었다. 잠자기 전에는 남편과 앉아 동화책도 읽어주고 태담도 하며 임신 기간을 보냈다. 한창 멋 부릴 나이 서른 살. 커지는 배와 맞지 않는 옷, 얼굴에 기미까지 나니 우울했다. 아이만 낳으면 다시 다이어트하고 피부 관리도 해서 날씬하고 예쁜 엄마로 살아야지 마음을 다잡으며 임신 우울증이 있었지만 괜찮았다.

그렇게 막달이 되고 출산 예정일이 다가왔는데, 아기가 나오지 않았다. 토끼뜀 자세로 온 방바닥을 닦고, 주말에는 육중한 몸으로 산에도 다녔다. 2주가 흘렸지만 나오지 않았다. 유도분만을 할 경우, 제왕절개 확률이 높아서 아기가 나올 때까지 기다리고 싶었다. 남편과 시부모님은 걱정이 되었는지 당장 병원에 가보자고 하였다. 바로 입원하게 되었고, 유도분만을 했지만 가 진통만 있을 뿐이었다. 아이는 나오지 않았다. 3일째 되던 날, 내 앞 두 명의 산모가 모두 유도분만에 실패해서 제왕절개를 했다. 그 장면을 보니 점점 두려움도 많아지고, 체력은 이미 소진되었다. 포기하고 싶었다. 더욱이 진통이 너무 아팠다. 의사 선생님에게 "제왕절개 해 주세요." 라는 말이 목 끝까지 올라왔다.

그날, 진통이 왔다. 진짜 진통이었다. 자궁 문이 4㎝ 열었지만, 그 후에는 도무지 열리지 않았다. 체력을 너무 써서인지 힘이 안 났다. 무통 주사를 맞고 쉬고 있는데, 내진하더니 의사 선생님이 초음파를 보자고 하였다. 아이가 위험하다고 당장 수술을 해야 한다고 하였다. 앞에 대기 임산부들이 있어 수술 시간까지 두 시간. 자연분만하려고 이제까지 기다렸는데, 눈물이 났다. 남편에게 위로받고 싶었지만, 보이지 않았다. 무통 주사 효과도 끝이 나서 진통이 다시 왔다. 두 시간 동안 혼자 죽을 것 같은 진통과 불안함, 미안함, 공포를 감내했다.

'사랑(태명) 이도 지금 나와 같은 마음일까? 얼마나 힘들까? 사랑아 조금만 참아. 조만간 보자.' 그렇게 되뇌며 수술실에 들어갔다. 얼마나 지났을까? 눈을 떠보니 남편이 있었다.

"자기야, 사랑이 너무 예뻐."

건강하게 잘 나왔구나! 안심됐다. 찌르는 듯한 통증이 아팠다. 때마침 간호사가 들어왔다.

"산모님, 괜찮으세요?"

"너무 아파요."

"잠깐만요, 진통제 놔줄게요."

"사랑이는 안 보고 싶어?"

남편의 소리였다. 남편은 내가 모성애도 없는 자기 몸이 제일 우선이라고 생각했나 보다.

자기는 나와 사랑이가 고군분투 진통하는 와중에 밥 먹으러 갔으면서 어떻게 저렇게 생각할 수 있지? 서운했다. TV에서 보면 아이를 살리려고 목숨까지 내놓는 엄마들도 많은데, 솔직히 아기보다 내가 우선이었다. 너무 아팠기 때문에 아기 보는 것보다 내가 먼저였다.

진통제를 맞고 정신을 차리고 아기를 보았다. 엄마 뱃속에서 고생해서인지 피부색도 빨갛고 힘이 없어 보였다. 남편이 말하길 처음 나올 때 피부색이 보라색이 되어 있었다고 했다. 아기를 보자마자 눈물이 났다.

'너였구나. 우리가 드디어 만났네. 임신 열 달 동안 얼마나 보고 싶었던 아기였을까?'

간호사가 내 품에 안겨주었다. 너무나 작고 소중해서 안는 것조차 떨리고 조심스러웠다. 새근새근 자는 모습이 예뻤다. 아기를 보고 있자니 그동안의 고생이 헛되지 않았구나! 그런 생각이 들었다. '정말 잘해줘야지, 잘 키워 줘야지.' 다짐했다.

병실로 옮겨지고 몸을 추스르기 전에 모유 수유 생각이 났다. 처음에 젖병 말고 엄마 젖으로 먹어야지 수월하게 모유 수유를 할 수 있다는 내용을 책에서 보았다. 남편에게 얼른 아기를 데려오라고 했다. 자는 아기에게 내 가슴을 내밀었다. 조금씩 빨더니 힘이 없는지 빨지 않았다. 아직 젖이 돌지 않아서 그런 것 같았다. 젖병에 맛들이기 전에 얼른 젖을 먹어야겠다는 생각이 들었다. 자연분만도 못 했는데 모유 수유는 꼭 해주고 싶었다. 시어머니가 남편에게 마사지해주라고 하였다. 수술한 지도 얼마 안 돼서 아픈데 가슴까지 마사지 받으려고 하니 정말 아팠다. 아기를 위해 참았다. 젖이 돌기 시작했고 아기를 다시 데리고 와서 젖을 물렸다. 하지만 젖을 갖다 대면 울었다. 몇 번을 시도해도 울어서 시부모님이 아기 잡겠다고 젖병을 주라고 하였다. 젖병을 주자 벌컥벌컥 먹기 시작했다. '초유가 가장 중요한데.' 난 어쩔 수 없이 유축기로 젖을 짰다. 밥때가 되면 젖을 물리고 계속 시도했지만 이미 젖병에 맛을 알아 버린 걸까? 아기는 젖을 갖다 대기만 해도 울었다. 그렇게 엄마로서 첫 번째 좌절감을 느꼈다.

산부인과에서 퇴원하기 전, 간호사가 몸은 괜찮냐고 물었다.

"임신 때는 몸도 무겁고 호르몬 변화로 우울증도 와서 힘들었는데, 출산은 더 어렵네요. 힘들게 출산하고 모유 수유하려고 하는데 아기가 젖도 빨지 않고, 힘드네요."

나도 모르게 간호사에게 푸념했다. 간호사가 웃더니 충격적인 이야기를 들려주었다.

"산모님, 이거 힘들다고 하면 안 되는데…. 임신, 출산보다 육아가 더 힘들어요. 그때는 어떻게 하려고."

누가 머리를 세게 때릴 정도로 멍해졌다. 앞으로 아기와 알콩달콩 행복한 날만 생각했다. 힘들 거라는 생각은 못 했다. 임신한 후부터 지금까지 내 인생에서 가장 힘든 순간이었는데 더 힘든 상황이 온다고. 알 수 없는 공포가 밀려왔다. 그 간호사의 말은 내 뇌리에서 잊히지 않았다. 물론 지금도 말이다.

엄마라면 간호사의 말을 공감할 것이다. 나 역시 임신하고 느꼈던 배 뭉침보다 출산의 고통이 더 컸다. 육아하면서 출산의 고통도 피식 웃음이 나올 만한 추억이 되었다. 사람은 역경 속에서 큰다고 한다. 준비 없이 덜컥한 임신과 출산 그리고 육아는 나를 다시 돌아보는 계기가 되었다. 나의 감정을 들여다보게 되었다. 나는 아이를 낳았지만, 지금은 그 아이와 함께 크고 있다. 그렇게 진정한 엄마가 되어 가고 있다.

귀여웠던 아기에서
속 썩이는 어린이로

　꿀맛 같던 조리원 생활이 끝나고 집으로 돌아왔다. 모유 수유를 계속 시도했지만, 아기는 젖을 물지 않았다. 조리원에서 젖병을 사용해서인지 젖만 갖다 대면 울기 시작했다. 몇 분을 실랑이하면 진이 다 빠졌다. 그제야 젖병을 주면 벌컥벌컥 분유를 먹었다.

　몸에 좋은 모유를 먹어야 한다는 일념으로 유축기로 젖을 짰다. 밤에도 두 시간마다 깨어나는 아기에게 분유와 젖병으로 모유를 먹이고 젖을 짜고 잠깐 잠이 들면 다시 울어대는 상황을 반복했다. 낮에는 누웠다 하면 깨는 예민한 기질의 아기였다. 수유하고 안고 있다가 깊게 자는 것 같아 눕히면 어김없이 응애응애 울기 시작했다. 아기 흔들 침대, 구덕(제주 전

통 아기 흔들 침대)에 눕혀 봐도 소용이 없었다. 아는 지인분은 눕혀서 울어도 끝까지 안아주지 말고 계속 엄마가 여기 있다고 얘기해 주면 진이 빠져서 울지 않는다고 하였다. 습관을 그렇게 들이면 된다고 하였다. 모유 수유도 아기가 진이 따 빠질 때까지 며칠이고 먹이지 말고 젖을 내밀면 문다고 하였다. 엄마가 독하게 마음먹으면 안 되는 일이 없다고 충고해주었다.

나는 마음 약한 엄마라서 독하게 할 수 없었다. 정말 아기가 숨이 넘어갈 정도로 울어서 무슨 일이 일어날 것 같았다. 또한 시부모님이 하루가 멀다고 찾아오셨다. 예쁘다고 아기를 계속 안아 주셔서 이미 사람 손에 타버린 아기였다.

밤에도 잠을 제대로 못 자고 낮에는 아기를 안고 있느라 끼니도 제대로 먹을 수 없었다. 다크서클은 내려오고 얼굴은 푸석하고 잘 씻지도 못해서 퀭한 내 몰골을 보고 있자니 눈물이 났다. 아기는 너무 예쁜데 나 자신은 없었다.

힘들어하는 나에게 친구는 자기도 아기가 젖을 안 물어 한 달 만에 모유 수유 포기하고 젖병을 물렸다고 했다. 나에게도 너무 스트레스받지 말고 포기하라는 충고였다. 나는 모유 수유에 대한 집착이 컸다. 100일까지 계속 시도해보려고 했다. 아기는 끝까지 내 젖을 거부했지만 6개월 동안 유축기로 젖을 먹였다.

모든 게 처음이었던 육아였다. 아직 정신은 멋모르는 아가씨인데, 임신하고 출산을 하고 집에 돌아오니 엄마가 되어 있었다. 아가씨였을 때는 나 자신밖에 몰랐다. 내가 하고 싶은 것, 자고 싶은 것, 먹고 싶은 것만 생각하며 살았던 내가 엄마가 되니 모든 욕구와 생활 패턴이 아기에게 맞춰져 있었다.

육아는 배운 적도 없고, 누군가 말해준 적도 없었다. 어떠한 직업도 스마트하게 일 처리를 하기 위해서는 수습 기간과 경력이 필요하다. 엄마라는 직업은 사원, 대리를 건너뛰고 전문적으로 수행하길 바라고 또 그렇게 해야만 했다. 주위 사람 모두 아기에게만 집중하고 있었고 관심을 가졌다. 엄마가 조금만 잘못 하면 가차 없는 질책이 날라 왔다. 엄마 잘못 만나서 아기가 고생한다는 말의 뉘앙스가 힘들게 하였다.

100일이 지나자 수유 텀도 점점 늘어나고 놀이 시간이 늘어나면서 조금씩 적응해 가고 있었다. 이 시기의 몸은 힘들었지만 좋았다. 새근새근 자는 모습이 사랑스러웠고, 조물조물 작은 입에서 옹알이하는 모습도 예뻤다. 젖병을 물고 있을 때 내 품에 안아서 내 얼굴을 만지고 엄마를 바라보는 눈빛은 감동이었다. 꼬물꼬물 기어서 엄마에게 오기도 하고, 보이는 물건마다 입으로 탐색하고, 집에 있는 온갖 서랍과 책은 다 열어보고 꺼내는 모습들 모두 다 사랑스러웠다. 그때는 잘 먹고 잘 자고 잘 싸주기만 한다면 그걸로 됐다. 애교는 덤이었다. 온종일 아이와 놀아도 질리지 않고 행복했었다. 아이 입에서 엄마라는 소리가 나오고, 한 단어씩 배워 갈 때마다 그 성취감이란 이루 말할 수 없었다.

딸과의 신경전은 두 돌 이후부터였다. 점점 말은 많아지고 자기주장이 강해지는 시기였다. 딸 입에서 "싫어." "아니야!" "내가 할 거야." 이 세 단어는 빠질 수 없었다. 밥 먹을 때도 혼자 스스로 하겠다고 온 바닥에 국물이며 밥을 흘리고, 화장실에서도 혼자 쉬하겠다고 건드리지도 못하게 해서 몇 분 후에 가보면 휴지는 다 풀어져 있었다. 응가를 싼 후, 사촌 언니처럼 스스로 닦아 보겠다고 하다가 손에 똥 범벅이 돼서 벽에 똥칠하는 상황도 벌어졌다.

육아서에서는 자율성이 시작되는 나이라고 스스로 할 수 있도록 격려하라고 했다. 아이는 이제 엄마와 떨어져 독립된 인격체라고 생각하고 무엇이든 스스로 해보려고 하는데, 이 때 엄마가 격려를 해주면 자율성 있는 아이로 자라고, 제지를 하거나 못 기다려주면 수치심을 느껴서 자기는 아무것도 할 수 없는 아이로 생각하게 된다고 한다. 이론은 알지만 현실에서는 책대로 하기란 쉽지 않았다.

이 시기도 순간 욱했지만, 딸아이 얼굴을 보면 웃음이 났다. 사고를 치고 "엄마, 사랑해." 윙크를 하며 품에 쏙 안기는 딸을 보며 언제 그랬냐는 듯 미소가 번졌다. 친구가 딸과 나의 관계를 튕기는 여자와 적극적으로 구애하는 남자 같다며 눈에서 꿀 떨어진다고 하였다. 그야말로 딸 바보였다.

세 돌이 지나고 영아에서 유아가 되면서 육아는 점점 힘들어졌고, 일과 육아를 병행하면서 몸은 지칠 대로 지쳐 있었다. 귀여웠던 아기에서 속 썩이는 어린이로 딸은 성장했다. 아니, 어쩌면 내가 그렇게 느끼고 있었는지도 모른다. 딸은 여전히 귀여웠지만 난 이미 지쳐있었고, 더는 받아 줄 수 없어서 딸이 변했다고 생각했는지도 모른다.

아기였을 때는 우리 모두 부드럽다. 바라는 기대감도 없다. 존재 자체로 행복을 주었다. 가끔 육아가 힘들 때, 아기 사진을 본다. 그때의 감정을 놓치지 않으려고 한다. 나에게 기쁨을 주었던 아이, 미소 짓고 있는 나. 세상 누구보다 행복했던 그 순간. 그때를 추억하며 아이를 안아준다.

항상 피곤한 엄마 VS 에너자이저 아이

찬란했던 청춘에 아이를 낳았고, 점점 난 늙어 가고 있다.

체력이 한 해 한 해 다르다는 것을 느낄 수 있다. 이전에는 아이와 놀아
주고, 청소하고 밥 차리고 일까지 해도 그렇게 힘들다는 생각은 안 했다.
하룻밤 자고 나면 다시 체력이 돌아왔다. 지금은 집안일만 해도 방전이다.
집안일을 하고 5분에서 10분 쉬고 있는데, 아이는 엄마에게 놀아달라고
한다.

"엄마, 쉬었지? 이제 나랑 놀아줘."

아이들은 자기 생각만 한다. 지친 몸을 이끌고 자리에 앉았다. 아이는 가
게 주인이 된다. 이 식당은 과장을 보태 100번쯤 방문한 것 같다.

"손님, 주문하시겠어요?"

"네. 맛있는 거 추천해 주세요."

귀찮은 듯 아이에게 떠넘긴다.

"저희 가게 파스타 맛있거든요. 파스타 해줄게요."

항상 똑같은 메뉴다. 내 표정과 말투는 상관이 없다. 아이는 신나게 요리를 한다.

"여기 주문하신 파스타 나왔어요. 감자튀김은 서비스예요."

"네, 감사합니다."

몇 점 먹는 시늉을 하다가 "맛있네요. 여기 있습니다. 전 이제 가볼게요."라고 말한다.

자리에서 일어나 쉬러 가려고 하니

"손님, 후식도 먹어야죠."

나를 잡아끈다. 후식도 알차게 먹고 이제 진짜 쉬러 가려는데 말한다.

"엄마, 그냥 가면 어떡해? 다시 손님 해야지."

놀이는 또 반복된다. 그나마 소꿉놀이는 괜찮다. 말을 태워 주라든지, 목말을 태워주라든지 몸 놀이는 진짜 힘들다. 10분 정도 놀면 체력은 바닥이다. 아이는 지금부터 시작이다. 어디서 저런 체력이 나오는지 모르겠다.

어느 날, 친구 모임에 아이를 데려갔었다.

"채린이 우리 조카 보는 것 같아. 남자아이처럼 에너지가 넘치네."

우리가 상상하는 여자아이라면 조용히 앉아서 그림 그리는 것을 좋아하고 얌전히 앉아서 밥 먹는 상상을 할 것이다. 하지만 아이는 그날 친구들의 환상을 와장창 깨트렸다. 친구가 귀여워서 장난치니, 끝날 줄 몰랐다.

이리저리 돌아다니는 아이를 자리에 앉혔다. 피곤해 보이는 내 얼굴을 보더니 꼭 남자아이 같다고 한 친구가 말하였다.

아이는 커 가면서 활동 반경이 넓어지고 에너지가 넘치는데, 나의 체력은 못 따라갔다. 그러다 보니 짜증나는 일도 많아지고, 지친 얼굴을 보여 줄 때도 많았다. 어떻게 하면 아이의 체력을 따라갈까? 홍삼도 먹어보고 체력에 좋은 음식도 먹어봤지만, 아이와 나의 30년 갭 차이는 따라가지 못했다. 아이의 체력을 못 따라가면 내 체력을 회복할 시간을 확보하자 그런 생각이 들었다.

엄마는 아이들의 체력을 따라가지 못한다. 대부분의 엄마가 마찬가질 것이다. 지친 엄마와 에너자이저 아이를 위해 내가 생각해 낸 방법이 있다. 아이들에게는 창의성을 심어주고, 엄마는 잠깐의 휴식을 취할 수 있다. 바로 문방구에서 놀이 재료를 사서 아이에게 스스로 노는 시간을 주는 것이다. 문방구에 가서 좋아할 만한 재료나 장난감을 산다. 5,000원 내외면 많은 것을 살 수 있다. 여기서 팁을 드리자면 아이들은 싫증을 잘 낸다. 한 번에 가서 많이 사 오기보다는 자주 문방구에 방문해서 자극을 주면 좋다.

신난 아이는 집에 와서 두 시간은 너끈히 혼자 잘 논다. 그동안 내 시간을 갖는다. 잠을 자기도 하고 책을 읽으며 체력을 보충한다. 어떨 때는 영화 한 편을 틀어주기도 한다. 미디어를 극도로 싫어하는 엄마들이 있지만 내가 힘들어서 짜증 내는 것보다 한두 시간 보여주는 것이 낫다고 생각한다.

서로 각자의 시간을 갖고 만났을 때, 우리는 찐친(진짜 친구)이 된다. 아이는 자기가 만들었던 것을 보여주기도 하고 나는 방청객도 울고 갈 정도로 과한 리액션을 보여준다. 무엇이든 상관없다. 집에서 널브러져 있는 마트 전단지도 되고, 택배시켰을 때 안에 들어 있던 뽁뽁이도 된다. 아이가 흥미를 끌 만한 재료를 툭 던져주자. 엄마가 쉬는 동안 아이는 엄청난 상상력으로 멋진 작품을 만들고 있을지도 모른다.

상전이 따로 없는 아이의 반찬 투정

"아이를 키우면서 가장 힘들 때는 언제세요?" 이렇게 누가 묻는다면 나는 당연 "밥 먹을 때요." 라고 말할 수 있다.

아이가 태어난 지 6개월이 되었을 때다. 정상 체중에 키도 제법 크게 낳아서 발육에는 걱정이 없었다. 6개월이 지나 영유아 검진을 받는데, 몸무게가 평균보다 조금 못 미쳤다. 분유를 많이 먹는 아기는 아니었다. 그래도 책에 나와 있는 대로 4시간 텀으로 60cc~80cc 정도는 먹는데 왜 살이 안 찌는지 걱정이 되었다. 혹시나 모유 수유를 제대로 못 해서 그런가? 죄책감도 들었다. 10개월이 지나도 몸무게가 늘지 않자, 큰 대학병원으로 검사받으러 갔다. 검사에서는 큰 이상이 없었다. 매일 분유량과 이유식량을 적어서 2주 후에 오라고 하였다.

그때부터 먹는 것에 스트레스를 받았다. 아이가 이유식을 반쯤 먹다가

뱉으면 어떻게든 먹여보려고 비행기 흉내도 내고 동요도 불러주었다. 그런 노력에도 조금 먹다가 뱉어 버렸다. 입도 짧아서 그런지 한번 한 이유식은 두 번 이상은 먹지 않았다. 아이는 점점 클수록 안 먹는 음식들이 많아졌다. 안 먹는 음식 수가 먹는 음식 수보다 더 많았다.

"엄마, 여기 왜 버섯이 들어 있어? 다 빼줘."

젓가락으로 하나씩 빼면서 몰래 한두 개씩 숨겨 넣었다. 역시나 미식가님은 단번에 알았다.

"뭐야. 여기 버섯 있잖아."

카레에 잘게 잘라놓은 브로콜리는 어떻게 그렇게 잘 찾아내는지 브로콜리만 쏙쏙 빼서 먹는 아이를 보고 있으면 혀 놀림이 새삼 신기하다.

"엄마, 먹을 게 하나도 없어. 나, 햄 구워줘."

애써 만들어 놓은 건강식 반찬은 하나도 안 먹고 인스턴트 음식을 찾는 아이를 보면 화가 머리 끝까지 난다. 그래도 '참아야지.' 마음을 다잡고 인스턴트 음식 말고 차선책으로 고기반찬을 제시한다. 고기에 맛있는 단짠(단것과 짠 것) 불고기 양념을 넣어주고 대령한다.

"채린님, 입맛에는 맞는지요?"

"어험 내 입맛에 맞는구나!"

영락없는 왕과 상궁의 모습이다.

"채린님, 다른 반찬도 먹어 보시지요."

"어험 무엄하도다. 내 알아서 먹으리라."

야채는 하나도 안 먹는 아이를 보자면 속이 터진다.

대학교 때 '아동 발달' 수업을 듣는데, 교수님이 이런 말을 했었다. 밥 안 먹는 아이에게 화내지 말고 "그래, 밥을 먹기 싫었구나. 지금 저녁 안 먹으면 굶어야 해. 그리고 내일 아침에나 밥을 먹을 수 있어."라고 알려주셨다. 안 먹는 아이와 실랑이를 할 필요가 없다고 하셨다. 나도 아이의 식습관을 잡아보려고 30분 시간을 주고 안 먹으면 간식을 포함해 일체 아무것도 주지 않았다. 아이는 끝까지 먹지 않았다. 화가 나서 윽박질러도 보고 강제로 먹여도 보았다. 이런 방법으로는 고칠 수가 없었다.

나는 어린이집 교사다. 어린이집에서 식습관 교육이 철저한 선생님들이 있다. 식판에 있는 반찬과 국, 밥은 남기지 말고 다 먹어야 한다. 억지로 꾸역꾸역 먹는 아이, 웩하는 아이, 우는 아이 등 즐거워야 할 밥상 앞에서 이건 고역이지 싶다. 초반에 식습관을 잡아 놓으면 아이들은 어떻게 해서든지 다 먹는다. 집에서도 똑같이 그럴까? 과연 암묵적 분위기 속에서 골고루 먹이는 게 현명한 방법일까?

육아 전문가 오은영 박사님은 편식하는 아이들에게 강압적인 태도보다는 편안한 분위기에서 좋아하는 반찬 위주로 먹이라고 하셨다. 자신도 어릴 때는 몇 가지 반찬만 먹어서 어머니가 많이 걱정하셨다고 한다. 지금은 성인이 돼도 문제가 없다며 웃으면서 인터뷰한 게 기억이 난다. 나 역시 어릴 때 음식을 입에 물고 있었던 아이였다. 삐쩍 마른 몸매에 좋아하는 음식은 먹지만 입에 안 맞는 음식은 쳐다도 안 봤다고 한다. 입이 짧은 아이였다. 지금은 고기보다 야채를 좋아하고, 가리는 음식이 없다.

유독 미각에 예민한 아이들이 있다고 한다. 그만큼 아이들이 느낄 때는 야채의 식감과 맛이 더 안 좋게 받아들일 수 있다. 지금은 굳이 아이에게 강요하지 않는다. 식단을 짤 때도 좋아하는 반찬 위주로 해주고 있다. 야채도 먹어보라고 권유하지만 안 먹어도 화는 내지 않는다. 좋아하는 파프리카, 당근 위주로 먹여보려고 한다.

　가끔 지인이나 친척들이 아이를 보고 너무 말랐다고 말씀하신다. 잘 먹이고 있느냐고 걱정 어린 말투와 시선을 보낸다. 더는 죄책감을 느끼지 않기로 했다.

　"체질이에요. 제가 말랐잖아요."

　쿨하게 넘긴다. 이게 아이와 내가 밥상 앞에서 실랑이를 벌이지 않고 즐겁게 식사할 수 있는 최선의 방법이다. 엄마는 아이가 맛있게 잘 먹을까? 고민하면서 정성스럽게 밥상을 차린다. 입이 짧은 아이도 어느 날은 제 입맛에 맞는지 잘 먹을 때가 있다. "엄마, 정말 맛있어요."라는 말 한마디는 음식을 차리던 수고스러움도 다 잊는다. 한 그릇 다 비우고 "또 주세요." 라고 말한다. 오물오물 작은 입에 음식을 씹는 아이 모습을 보자니 행복이 차오른다.

　그거면 된 거 아닌가? 편식하는 아이 굳이 먹이려고 하지 말았으면 한다. 아이를 생각하는 밥상이 많아질수록 편식 횟수도 줄어들 것이다. 또 고쳐지지 않는다고 낙심하지 말자. 그건 체질이어서 아이가 못 받아들이는 거다. 다른 음식으로 대체하면 된다. 음식을 직접 떠먹여 주기보다는 아이가 음식을 잘 먹을 수 있도록 격려하는 것이 좋다.

　아이가 안 먹는다고 좌절하지 말자. 그건 엄마의 잘못이 아니다. 그렇다고 타협하지 말자. 아이 의견에 끌려가서 인스턴트, 정크 푸드를 사주지 말자. 그건 앞으로의 건강과 직결되는 문제이다. 초등학교 때 고기만 먹었던 남자아이가 있었다. 남자아이의 엄마는 아이가 야채는 안 먹어도 고기만 먹는 모습이 좋았는지 고기를 엄청나게 사주었다. 그 친구는 대학도 들어가기 전에 대장암으로 죽고 말았다. 극단적인 사례일지도 모른다. 하지만 어릴 때 식습관은 어른이 돼서도 분명 큰 영향을 미친다.

　마음을 여유 있게 가져보자. 분명 아이는 언제 그랬냐는 듯이 잘 먹는 날이 올 것이다. 꾸준함과 인내가 필요하다.

엄마는 수발러?

작년, M방송사 예능에서 프로젝트 그룹 멤버들의 이야기가 인기리에 방송되었다. 한 아이돌이 그들의 수발을 든다고 해서 '수발러'라고 불렸었다. 아이돌이 프로젝트 멤버들의 눈치를 보고 비위를 맞추고 핀잔을 받을 때 공감이 갔다. 아이의 수발러는 엄마다.

처녀였을 때는 내 몸 하나 건사하면 됐다. 먹고 싶은 것을 먹었다. 입고 싶은 옷을 입었고, 가고 싶은 곳을 갔다. 쉬고 싶었으면 휴식을 취했고, 자고 싶으면 잤다. 한마디로 자유의 몸이었다.

지금은 어떤가? 아침부터 자기 전까지 엄마는 아이의 수발러가 된다. 수발러의 하루는 이렇다. 식사를 차릴 때는 아이 입맛에 맞게 절대로 짜면 안 되고, 매우면 안 된다. 5대 영양소가 골고루 들어가기 위해 노력한다. 혹시나 입맛에 안 맞을까 걱정하고, 아이가 남긴 반찬을 보면서 뭐가 문제였는지 분석한다. 아이를 위한 전문 셰프로 변신한다.

어린이집 가기 위해서는 전문 코디로 변신해야 한다. 까다로운 손님을 위해 여러 가지 옷을 준비해야 한다. 손님은 소파에 느긋이 앉아서 하나하나 선보이는 옷을 보다가 "No."를 외친다. 그럼 "손님이 직접 고르세요." 말하면 밖은 지금 더워 죽겠는데, 철 지난 옷을 꺼내지 않나. 한겨울에는 샌들을 신겠다고 발악한다. 몇 분을 잘 구슬려 옷을 입히고 어린이집을 보낸다.

아이를 보낸 후, 엄마는 청소부가 된다. 어린이집에 돌아왔을 때 쾌적한 환경에서 아이를 맞이하기 위해 오늘도 쓸고 닦는다. 좀 쉬는가 싶으면 아이는 어린이집 차를 타고 돌아온다. 배고팠을 주인님을 위해 간식을 준비한다. 간식도 한번은 자연식, 한번은 아이가 좋아할 만한 간식으로 준비한다. 간식을 먹은 후 주인님을 기쁘게 해주기 위해 같이 놀이한다. 배우로 변신해서 환자와 손님, 학생을 왔다 갔다 하며 메소드 연기를 펼친다.

맛있는 저녁을 준비하고, 주인님 반찬 투정을 감내하며 저녁을 먹이고 뒷정리한다. 이제는 세신사로 변신해서 주인님의 몸 구석구석을 씻겨준다. 잠옷으로 갈아입고 성우로 변신한다. 다양한 동화구연을 해서 주인님의 귀와 머리를 즐겁게 한다. 잠투정하는 주인님을 위해 가수가 된다. 여러가지 자장가를 불러주며 주인님이 편안하게 잠들 수 있도록 돕는다.

수발러의 삶은 고달프다. 오로지 내가 아닌 아이가 먼저여야 하며, 그 어떤 직업보다 프로페셔널하게 역할을 수행해야 하고, 눈치는 백 단이어야 한다. 가끔은 내가 왜 이 짓을 하고 있나 할 정도로 자괴감에 빠지기도 한다.

힘든 수발러의 삶이지만 행복할 때도 있다. 난 아이가 엉뚱한 말이나 행동할 때가 좋다. 나에게 달려와 폭풍 뽀뽀를 날리고 안아주는 아이가 좋다. 엄마 사랑해요, 나를 낳아주고 키워주셔서 감사합니다. 삐뚤삐뚤하지만 정성 가득 편지가 좋다. "전 엄마가 세상에서 제일 좋아요. 우주보다 천만 배 더 좋아요." 뜬금없이 사랑 고백하는 아이가 좋다. 나중에 아이가 컸을 때, 엄마의 손길이 더 필요하지 않을 때, 수발러의 삶을 그리워하겠지. 티 나지는 않지만 누가 알아주지는 않지만, 묵묵히 수발러의 삶을 사는 엄마들을 응원한다.

훈육이라고 말했지만 화풀이였습니다

트렁크에 갇혀서 계모에게 죽임을 당한 아이, 쇠사슬에 묶여서 개보다 못한 학대를 받다가 목숨을 다해 지붕 타고 옆집으로 탈출했던 여자아이. 외국에서 일어날 법한 사건들이 작년에 연이어 터졌다. 그들의 행위는 경악을 금치 못한다. 계모, 계부, 친모, 친부들은 하나같이 이렇게 말하고 있다.

훈육이었다고. 훈육은 뭘까? 사전적인 의미로 훈육은 이렇게 정의한다. "훈육은 여러 가지 바람직한 습관을 형성시키거나 규율, 위반과 같은 바람직하지 못한 행위를 교정하는 것." 그렇다. 우리는 아이가 사회에 나가서 올바른 인간이 되어 살아갈 수 있도록 잘못된 행동이나 말 등을 훈육을 통해서 고치려고 한다. 훈육의 밑바탕에는 사랑이 있다. 사랑하기 때문에 자식의 잘못된 행동을 잡아 주려고 하는 것이다. 서두에 언급한 사람들은 훈육이 아닌 화풀이 대상이 필요했던 것이다. 사람들은 가장 만만한 대상에게 화풀이한다.

먹이사슬로 따지자면 아이들은 가장 마지막 단계에 있다. 어른의 손길 없이는 혼자 살아갈 수 없는 단계. 그래서 화풀이 대상의 가장 큰 표적이 된다. 사실 나도 강도의 차이가 있을 뿐, 아이에게 화풀이한 적이 있다.

그날은 직장에서 엄청나게 깨지던 날이었다. 동료 교사와 약간의 오해가 생겨서 갈등이 있었다. 집에 돌아와서 밥을 차리는데, 그날따라 아이가 밥 차리는 것을 도와주겠다고 했다. 오늘은 엄마가 피곤하니 다음에 도와 달라고 했다. 아이는 요리하는 게 재밌어 보였는지 한사코 하겠다고 떼를 썼다. 짜증이 났지만 약간의 야채를 나눠주고 빵칼로 잘라 주라고 하였다. 함께 만든 요리를 그릇에 담아 식탁에 올려 주라고 부탁했다. 그 순간 쨍 그랑! 소리와 함께 힘들게 만들었던 요리는 이리저리 날아가 버렸고, 아이는 내 눈치를 보며 웃고 있었다.

순간 참아왔던 화가 폭발했다. "엄마가 하겠다고 했지? 왜 일을 두 번이나 만들게 해? 피곤한데 좀 맞춰 줄 수 없어? 아, 짜증 나." 씩씩거리며 휴지를 가져와 바닥을 닦았다. 아이는 얼어 있었다. 떨어진 반찬이 뭐라고 다시 담으면 그만 이었다. 만들었던 요리가 다 날아 간 게 아니었다. 놀랐을 아이에게 다친 데는 없는지 먼저 물어봤어야 했다. 하지만 난 그날 아이 행동에 화난 게 아니고 화풀이 대상이 필요했는지 모른다. 화가 난 감정을 마음속에 담고 있었고, 누구 하나 건드리기만 해 봐라. 공격태세를 하고 있었다. 비단 나뿐만은 아닐 것이다.

어느 날, 언니 집에 놀러 간 적이 있다. 언니가 형부랑 싸웠다고 했다. 기분이 안 좋은지 조카들이 조금만 이야기해도 "왜 이렇게 시끄러워 방에 가서 놀아."라고 신경질을 냈다. 밥을 먹는데도 아이가 편식한다며 자기 아빠랑 똑같다고 화를 내고, 조금만 흘려도 화를 냈다. 밥이 입으로 가는지 코로 가는지 엄힐 것 같았다. "언니, 왜 이렇게 화를 내?" 라고 말하니 아이들 잘못된 행동을 고쳐줘야 한다고 말하였다. 언니는 훈육이라 말했지만 그건 분명 화풀이였다.

아이를 키우다 보면 스트레스가 많다. 양육 문제로 남편과 갈등이 생길 수 있고, 말 안 듣는 아이, 간섭하는 시부모님, 내 존재를 잃어버렸을 때의 우울감, 쓸쓸함 등 복합적인 마음으로 내 마음을 제어하지 못 할 때가 있다. 스트레스를 받았을 때 집을 탈출하고 싶지만, 아이를 돌봐줄 사람이 없어 그것도 힘들다. 그렇게 꾹꾹 눌러졌던 스트레스를 아이에게 풀고 만다.

내가 가장 싫어하는 사람은 상대방의 마음은 신경 안 쓰고 자기 기분대로 하는 사람이다. 그 영향은 친정엄마였다. 엄마는 고된 일을 마치고 스트레스가 쌓이면 언제나 자식들에게 화를 냈다. 그때는 내가 잘못한 행동으로 엄마가 화를 내는 거로 생각했지만 그건 화풀이였다. 어른이 돼서도 내가 잘못하지 않았음에도 상대방이 화를 내거나 기분 나쁜 표현이든지 말을 하면 가슴이 쿵쾅거린다. 쿵쾅거리는 가슴 때문에 바보처럼 아무 말도 못 하게 된다.

아이에게 훈육이라는 핑계로 화풀이를 하고 있는지 한번 생각해 봤으면 한다. 화풀이 받는 대상은 트라우마가 생길지도 모를 일이다. 그 트라우마가 평생 아이를 괴롭힐지도 모른다. 더는 영문도 모른 채 걷어차이는 아이가 없었으면 한다. 혹여나 화풀이했다고 해도 너 때문에 그런 게 아니라고, 엄마가 피곤해서 혹은 기분 나쁜 일이 있어서 화를 냈다고 진심 어린 사과를 하고 꽉 안아주자.

좋은 엄마가 될 줄 알았습니다

나는 어릴 때부터 동물과 아기를 좋아했다. 순수한 눈빛과 천진난만한 모습들이 좋았다. 초등학교 때 강아지를 키운 적이 있다. 아빠에게 몇 달을 졸라서 시장에 가서 강아지 한 마리를 분양했다. 먹이를 주고 씻겨주고 응가 치우는 게 힘들었다. 하지만 강아지가 하루가 다르게 커가는 모습과 재롱을 보며 기뻤다. 한번은 강아지가 며칠간 밥을 안 먹어서 안고 동물병원에 갔다. 그때는 동물병원이 많지 않았다. 한 시간은 걸어야 했다.

무거웠지만 걱정되었다. 눈물이 났다. 혹시나 강아지가 죽는 게 아닌가 무서웠다. 다행히 진료를 받고 강아지는 건강한 모습으로 돌아왔다. 그때 '생명을 키우는 건 힘든 일이구나.' 라고 처음으로 느꼈던 것 같다.

동물을 키우면서 나중에 크면 좋은 엄마가 될 줄 알았다. 힘은 들었지만, 생명을 키우는 건 행복한 일이라고 느꼈다. 막상 엄마가 되고 보니, 좋아한다고 해서 잘 키울 수 없을 뿐더러 아기를 키우는 건 감히 동물을 키우는 것과 비교가 안 되었다. SNS를 보다 보면 다른 엄마와 비교가 될 때가 많다. 정성이 듬뿍 담긴 밥상 사진, 아이에게 좋은 곳을 데려가고, 좋은 옷을 입힌다. 사진을 보고 있노라면 한없이 작아진다. 아이에게 그렇게 해줄 여력이 안 되니 서글퍼진다. 경제적으로 받침이 안 되면 정서적으로 잘 돌봐줘야 하는데 그것도 여의치 않다. 불쑥불쑥 올라오는 화를 참지 못한다. 솔직히 말하면 아이가 떼를 쓰고 발악을 하며 울 때는 미칠 것 같다.

SNS에서 팔로우 수가 많은 후배가 있다. 그녀는 젊은 나이에 결혼했다. 얼굴도 예쁘고 키가 커서 존재 자체로 돋보이는 여자였다. 그녀의 SNS는 화려하다. 딸아이와 맞춰 입은 커플룩을 올리기도 하고 좋은 부엌에서 베이킹을 같이하며 세상 부러운 것 없는 모녀 사진을 올리기도 한다. 전혀 애 엄마 같지 않은 모습으로 셀카를 올려 부러움을 자아낸다.

어느 날, 해수욕장에서 그녀를 우연히 보았다. 멀리 있어서 인사를 해야하나 말아야 하나 타이밍을 보고 있는데, 그녀가 아이와 사진을 찍고 있었다. 사진을 몇 장 찍더니 얼굴이 많이 지쳐 있었다. 아이가 물에 들어가려고 하자 제지하였다. 아이 손을 잡고 다른 곳으로 가려고 짐을 챙겼다. 아이는 물에 들어가고 싶어 울자 그녀는 "울지 마. 아이스크림 사줄게." 라고 말했다. 계속 바다를 향해 뒤돌아보는 아이를 뒤로하고 성큼성큼 앞으로 나아갔다.

우리는 항상 비교하며 산다. 가까이 있는 친구부터 잘 알지도 못하는 여자의 말투나 행동을 보며 부러워하기도 한다. '난 왜 저렇게 우아하지 못할까?' '저렇게 풍요롭게 살지 못할까?' 한없이 우울해지기도 한다. 하지만 사람 사는 건 다 똑같다. 찰리 채플린의 명언처럼 인간의 삶은 멀리서 보면 희극이지만 가까이서 보면 비극일지도 모른다.

'나는 좋은 엄마야'라고 자기 자신에게 프레임을 씌우고 감정을 눌러서 육아하지 말자. 남들 보기에 좋은 엄마로 살지 말자. 나는 엄마이기 전에 실수하고 서툰 인간이라는 것을 인정하면 육아가 조금은 쉽지 않을까? 당신은 어떤 엄마든 아이에게 있어서는 누구보다 소중한 존재인 것을 잊지 말자.

엄마도 사랑이 필요합니다

　주위를 둘러보면 유독 마음이 건강하고 밝은 사람이 있다. 그런 분들에게 사람들은 말한다. "어릴 때부터 사랑을 많이 받고 자랐구나." 난 그런 분들을 부러워했었다. 내가 아무리 노력해도 그런 기운을 따라갈 수 없다고 생각했다.

　사랑을 많이 받은 사람들의 특징은 뭘까? 일단 자존감이 높다. 그리고 구김이 없고 사랑하는 사람에게 어떻게 사랑을 주는지 안다. 반두라 사회학습이론에서 사람은 관찰하고 그 행동을 기억하고 모방을 통해 강화한다고 말한다. 사랑을 받았던 기억이 많았기 때문에 사랑을 주는 법을 아는 것이다.

　난 불완전한 사람이었다. 살아오면서 누구에게 진심으로 사랑을 줬었나? 그런 생각이 든다. 사랑하는 사람이 있어도, 그 사람에게 거부당할까

봐 다가가지 못했고, 나를 좋아해 주는 사람에게도 '나를 왜 좋아하지, 나를 진심으로 좋아하나?' 의심했고, 아낌없이 주는 선의와 배려가 부담스러웠다. 나를 싫어하는 사람에게는 '내가 못나서 그런가?' 라는 말도 안 되는 피해망상이 있었다. 그런 불완전한 사람이 엄마가 되었다.

나는 부모에게 사랑받지 못했던 것을 아이에게 갈구했다. 아이에게 사랑을 쏟는 만큼 아이도 잘 따라 와줘야 한다고 생각했다. 엄마는 친구 엄마들보다 '완벽한 엄마야.'라고 아이가 생각해 주길 바랐고, 그 아이가 내가 '완전한 삶'을 살고 있다는 것을 증명해 주길 바랐는지 모른다. 그래서 상냥함이라는 가면을 쓰고 속으로는 화와 미움이 있어도 내색하지 않았다. 순간 감정 조절을 못 해서 아이에게 상처를 입혔다.

어쩌면 내가 바랐던 것은 단지 그거뿐이었는지도 모른다. "넌 잘하고 있어, 지금도 충분히 아이에게 소중한 엄마야. 아이는 잘 클 거야. 아이에게 더 미안해하지 마." 아이가 심하게 투정을 부리는 건 '나를 안아줘.'라고 말하는 것처럼 내가 엄마로서 완벽해지려고 발악한 것은 누군가 내 마음을 보듬어 주고 안아주길 바랐던 것이다.

며칠 전, 브런치라는 플랫폼에서 싱글맘 엄마의 글을 보았다. 일하느라 부모참여 행사에 참석하지 못했는데, 어느 날은 시간을 내어 참여하였다. 아이가 무척 좋아했다. 계속 뒤를 보며 "우리 엄마야."라고 친구에게 속삭이는 아이를 보았다. 싱글맘 엄마는 눈물이 나는 것을 꾹 참았다고 한다. 그 부분에서 눈물이 났다. 그동안 아이가 느꼈을 외로움과 엄마가 느꼈던 미안함이 찡했다. 워킹맘이라면 다 공감을 할 것이다. 싱글맘 엄마에게 힘이 되고 싶어 댓글로 충분히 멋진 엄마라고 이야기해 주었다.

엄마들은 아이 문제라면 민감하다. 항상 죄책감을 안고 산다. 잘해주지 못해 자책하기도 한다. 아이가 엄마의 사랑으로 커 가듯이 엄마도 주위의 관심과 격려가 필요하다. 조언과 충고 대신 보듬어 주자. 화를 내고 있거나 욱하는 엄마를 더는 비난하지 말자. 나는 잘하고 있다고 스스로 토닥여 주자.

제2장

항상 후회만 하다 끝나는 육아

아이는 왜 떼쓰는 걸까요?

오늘도 아이는 떼를 쓴다. 떼쓰는 이유는 다양하다. 유튜브를 더 보고 싶었는데 엄마랑 약속한 시각이 다가올 때, 신나게 놀고 있는데 밥 먹을 준비 하라고 할 때, 키즈카페에서 놀고 있는데 가자고 할 때, 마트에 갔는데 때마침 갖고 싶었던 장난감이 보일 때 등등 아이는 자기가 원하는 것을 획득하기 위해서 떼를 쓴다.

그냥 말하면 될 것을 왜 아이는 떼를 쓸까? 아이스크림을 하나 먹었다. 근데 또 먹고 싶다. 엄마한테 "엄마, 저 아이스크림 더 먹고 싶어요."라고 아이가 어른스럽게 말을 한다. "그래? 우리 채린이가 아이스크림을 더 먹고 싶었구나. 하나 더 먹어라." 이건 현실에서는 거의 불가능한 반응이다.

"너 아까 아이스크림 먹었잖아. 아이스크림이 설탕도 많이 들어가고 얼마나 몸에 안 좋은 줄 알아. 배탈 나면 어떡할래? 그만 먹어." 아이들은 엄마가 어떻게 반응할 것인지 귀신같이 안다. 그래서 떼를 쓴다. 땀이 뻘뻘 날 정도로 울어야 엄마가 들어주기 때문이다. 더 크게 울수록 더 발악할수록 내가 원하는 것을 쟁취할 수 있다.

　난 아이들 우는 소리가 싫다. 특히 여자 아이들이 징징대며 울 때는 인내심에 한계를 느낀다. 아이가 울면 이런 생각이 든다. '아, 듣기 싫어.' '아, 우는 걸 멈추고 싶어.' '어떻게 하면 우는 것을 멈추지.' 우는 소리에 혼이 다 빠져 머리는 돌아가지 않는다. 그러면 그냥 KO를 외친다. 그래 네가 이겼다. 끝내는 아이가 원하는 대로 해주고 만다. 아이는 '이것 봐라. 우니깐 엄마가 다 해주네.'라는 인식이 각인된다. 그리고 다음에 자기가 원하는 일이 있을 때는 더 크게 운다. 악순환이다.

　떼쓰는 아이 때문에 힘들어하는 부모님이 많다. 나는 어린이집 교사라 부모 상담을 많이 한다. 그럴 때마다 많은 부모가 아이의 고집 때문에 힘들다고 토로한다. 그런 부모님들을 보면 같은 동지애를 느낀다. 나도 그랬었으니깐. 하지만 지금은 부모님들에게 이런 팁을 준다. 나 역시 이 방법을 사용하고는 아이의 떼쓰는 횟수가 많이 줄었다.

　아동학 대학원에서 부모-자녀 관계 치료 과목을 들었다. 미국의 유명한 놀이 치료학 박사 랜드레스는 부모들에게 아이에게 선택권을 주라고 조언한다. 선택권은 아이가 둘 중의 하나를 고르는 것이다. 예를 들어 간식을 줄 때, 아이는 과자를 먹고 싶어 한다. 하지만 엄마들은 건강식 간식을 주고 싶어 한다. 아이는 과자를 먹으려고 떼쓰고 울 것이다. 그럴 때 이렇게 말한다.

"과자 한 개 먹고 고구마 먹을래? 과자 두 개 먹고 고구마 먹을래?"

아이는 생각한다. '뭐지? 분명 엄마라면 과자 먹으면 안 돼 또는 고구마 다 먹고 과자 먹으라고 말할 텐데. 이 반응은 뭐지?' 당황해한다. 엄마의 표정을 살피다 빠른 두뇌 회전으로 선택한다.

간혹 이런 아이도 있다. "싫어. 나 고구마 안 먹고 과자 다 먹을 거야." 그러면 또 선택지를 준다. "과자 한 개 먹고 고구마 먹든지(아까 말한 것보다 개수를 줄인다), 그럼 과자 못 먹고 고구마 먹든지 결정해."

죽느냐, 사느냐 그것이 문제로다 햄릿처럼 아이는 심각한 고민에 빠진다. 과자를 더 먹고 싶은 마음에 떼를 쓸 수도 있다. 하지만 엄마가 단호한 입장을 보이면 선택지가 두 개밖에 없는 현실을 받아들인다. 이 방법은 아이가 스스로 의사결정을 할 수 있는 기회를 줄뿐더러 자기 선택에 대한 책임감도 기를 수 있다. 또한, 엄마와 아이의 갈등을 줄일 수 있다. 엄마도 화가 치미는 순간을 이성적으로 넘길 수 있다. 어릴 때부터 "오늘은 빨간 옷 입을래? 노란 옷 입을래?" 식으로 작은 선택권을 주는 연습을 하면 좋다.

어린이집 교사를 하면서 수많은 아이를 겪어 봤지만, 이 방법이 안 통하는 아이는 아직 만나보지 못했다. 지금 떼쓰는 아이 때문에 미치겠는가? 화가 나는가? 어른에게는 투표권을 주듯이 우리 아이에게는 선택권을 주자.

내 뜻대로 안되니 아이가 미웠습니다

세상에 내 뜻대로 되는 일이 있을까? 부모와의 관계도 내 뜻대로 안 되고, 내가 가고 싶었던 학교나 직장도 내 뜻대로 들어갈 수 없고, 내 뜻대로 뭐든 다 해준다는 남편은 결혼하니 자기 뜻에 따르기를 원한다. 세상엔 내 뜻대로 되는 일이 없다. 하지만 아이는 내 뜻대로 될 수도 있을 듯하다. 내가 낳은 내 아이. 그 아이는 내 것이니깐 내가 좌지우지해서 나보다는 더 나은 사람이 되라고 많은 부모님이 함정에 빠진다. 나 역시 그랬다.

아이가 어릴 때는 내가 통제해야 할 대상이라고 생각했다. 먹이고 씻기고 재우기 등 혼자 할 줄 아는 게 없었기 때문이다. 그래서 내 뜻대로 안 되면 더 화가 났던 것 같다. 정해진 시간에 얌전히 앉아서 흘리지 않고 먹었으면 좋겠다고 생각했다. 엄마가 부르면 바로 달려와 목욕을 하고, 시간이 되면 잠자리에 들어갔으면 좋겠다고 생각했다.

　생각해 보면 아이도 하나의 인격체인데, 하고 싶은 날이 있고 안 하고 싶은 날이 있었을 것이다. 나 역시도 밥 먹기 싫은 날은 건너뛰기도 하고, 조금 남기기도 한다. 너무 피곤한 날에는 목욕은 건너뛰고 세수랑 발만 씻는다. 불금(불타는 금요일)이라든지 기분이 방방 뛰는 날에는 일찍 자고 싶지가 않다. 아이도 나랑 다를 게 없는 사람이다. 강아지처럼(동물도 그러면 안 된다) 정해진 규칙과 매뉴얼대로 아이를 키우려고 하는 건 아닌지 그런 생각이 들었다.

　또한 나의 싫은 점이 아이에게 보일 때 화가 났다. 예를 들어 난 얼굴이 노랗다. 항상 하얀 얼굴을 동경해 왔다. 아이가 태어날 때 얼굴이 뽀얘서 안심됐다. 하지만 커 갈수록 아이는 점점 내 피부색이 되었다. 그때부터 나는 아이가 다시 하얀 얼굴로 돌아왔으면 해서 선크림을 수시로 바르고 외출 시에는 무조건 모자를 씌웠다. 햇빛이 강한 날에는 바깥 놀이도 꺼렸다. 내 아이는 나의 장점만 갖고 살았으면 좋겠다고 생각했다. 그래서 나의 단점이 보이면 더욱 화를 냈고, 고치려고 했다. 성격이 급하면, 항상 천천히 말하고, 천천히 행동하라고 지시했다. 어린이집 선생님이 아이가 마음이 여리다고 하면 듣기 싫었다. 나처럼 마음이 여린 사람은 감정에 휩쓸려 손해만 볼 것이라는 생각을 했다.

　하지만 어느 순간 이것도 다 부질없다는 생각이 들었다. 피부색은 원래 타고난 것이어서 내가 무슨 방법을 쓴다고 해도 달라지는 게 아니고, 성격도 마찬가지였다. 그건 아이가 극복해야 할 문제였다. 성격이 급하면 추진력이 빨라서 당차게 해나갈 수도 있고, 마음이 여리면 사람들에게 상처는 받겠지만 안하무인인 사람이 아닌 상대를 공감하는 사람이 되지 않을까? 라는 생각이 든다.

육아서를 보다 보면 아이를 손님처럼 대하라고 한다. 손님이 늦게 일어나거나, 할 일을 제대로 못 해서 손해 보는 일이 생겨도 그건 내 일이 아니라고 생각하라고 한다. 나에게 직접적 피해를 주지 않은 한 내버려 두라는 것이다. 큰 기대가 없으면 실망할 일도 없다.

책을 읽고 '그렇게 키워야지.' 마음을 먹어도 솔직히 아직도 내공이 많이 필요하다. 숙제 안 하고 미적거리거나 밥 안 먹는 아이를 보면 가끔 화가 날 때가 있다. 하지만 아이는 내가 통제해야 할 대상이 아닌 하나의 인격체로 생각하고 항상 되뇐다.

나 자신도 내 뜻대로 안 되는데 내 아이도 내 뜻대로 할 수는 없다. 그냥 있는 그대로 아이를 봐주기로 했다. 아이가 어떻게 살든 아이의 인생이다. 숙제를 안 하면 아이가 받아야 할 벌이고, 그 벌로 인해서 아이는 생각할 것이다. '앞으로는 숙제를 잘해야겠다.' 그러면 내가 시키지 않아도 잘할 거라 믿는다. 숙제를 계속 안 하면 그것 또한 아이가 선택한 몫이기 때문에 관여할 필요가 없다. 아이는 여러 가지 경험을 통해 이리 부딪히고 저리 부딪히면서 성장해 나갈 것이다. 그리고는 자신만의 세계를 찾을 거라 믿는다. 내 뜻대로 안 된다고 아이를 탓하지 말자. 각자의 선택을 존중해 주고 지켜봐 주자.

어머님, 집에 무슨 일이 있나요?

나는 어린이집 교사다. 교사 생활을 하다 보니 어느 정도 아이들 행동이나 말에서 집안 분위기를 파악할 수 있다. 밥을 먹다가도 계속 닦는 아이를 보면 '엄마가 깔끔한 성격이구나.'라고 느끼고, 남자아이가 역할영역에서 음식을 해서 정성스럽게 차린 상을 보면 '아빠가 요리를 많이 해주는구나.'라고 느낀다. 나 역시 딸아이 어린이집 선생님에게 내 육아 생활을 들킨 적이 있다.

일곱 살 어린이집 하반기 부모 상담이 있었을 때였다. 교우관계는 어떤지, 리더십이나 사회성에 대해서 이것저것 묻고 있는데, 선생님이 충격적인 이야기를 해주셨다.

"어머님, 혹시 채린이 집에 무슨 일이 있나요?"

"네?"

"요즘 채린이가 자꾸 안아달라고 하네요. 예전에는 그런 게 없었거든요. 애정 결핍이 있는 것 같아서요."

정말 머리가 하얘지면서 말문이 탁 막혔다. 양육자와 애착 관계가 얼마나 중요한지 귀에 딱지가 생길 정도로 들어온 터라 그 부분은 신경 쓰고 있었다고 생각했었다. 사랑한다고 말해주고, 주말에는 잘 놀아 주려고 노력했었다. 근데 내 딸이 애정 결핍이라니. 그 후에 선생님이 딸이 한글이 많이 늘었다며 칭찬을 해 주는데 아무것도 귀에 들어오지 않았다. 가장 중요한 엄마와의 애착의 문제가 생겼는데, 그게 다 무슨 소용일까.

전화를 끊고 생각에 잠겼다. 요즘 다시 일하고 있었다. 2년 정도 쉬고 일을 하는 거라 적응하기가 힘들었다. 집에 돌아오면 녹초가 되었고, 딸과 놀아줄 체력과 기분이 아니었다. 예민해서인지 화를 내기도 했었다. 하지만 그동안 쌓아온 애착이 있는데, 이렇게 무너져 버릴 수 있을까? 미안함과 죄책감이 밀려왔다. 그날 밤, 잠자기 전에 딸과 이야기를 나누었다.

"채린아, 어린이집에서 선생님에게 안아달라고 했어?"

"응, 왜?"

"채린이 예전에는 안 그랬잖아."

"선생님이 좋아서 안아달라고 했어."

"엄마가 사랑한다는 말도 해주고 안아주는데 그걸로 부족했어?"

딸이 곰곰이 생각하다가 입을 뗐다.

"엄마, 내가 TV에서 봤는데, 사랑은 말로만 하는 게 아니래. 행동으로 보여 주는 거래."

두 번째 충격이었다. 그동안 사랑한다고 말하고 안아줬던 행동에서 내 표정은 지쳐있거나 귀찮아 보였던 모양이다. 어쩜 의무적으로 했을 수도 있었다. 진심이 담겨있지 않았던 행동이었다. 아이의 말이 맞았다. 그 당시 난 일도 힘들었고, 개인적으로 힘든 일이 있어서 항상 어두웠다. 조그마한 일에도 짜증이 나 있었던 상태였다. 그래서 어쩌면 아이가 버거웠을 수도 있었다. 눈물이 났다. 뭐가 중요한지 잊고 있었다. 일에 치여 내 감정에 치여 소중했던 내 주위 사람들은 잊고 있었다.

그날 이후, 아이와 여행을 준비했다. 그동안의 스트레스는 날려 보내고 딸과의 추억을 만들어 보자고 결심했다. 서울에 가서 제주도에서는 못 가본 키자니아에도 가고, 롯데월드랑 동물원도 가보았다. 여행에서는 맘껏 웃고, 맘껏 먹고 즐겼다. 아이의 웃음소리를 들으니 행복했다. 마지막 날에는 나에게도 휴식을 주고 싶어 친구들과 호캉스도 하였다. 여행을 갔다 온 후, 아이는 조금 안정되어 있었다. 잠잘 때 서울 여행 이야기를 하며 엄마랑 또 여행을 가고 싶다고 하였다.

까짓것 또 가지 아이에게 그동안의 일을 만회하고 싶었다. 남은 연차를 다 쓰고 홍콩과 마카오 여행을 갔다 왔다. 여행 가서도 하루는 아이를 위한 여행 코스를 짜고 하루는 나만의 여행 코스를 짰다. 번갈아 가며 코스를 짜니 아이도 나도 만족한 여행이었다. 마지막 날, 아이에게 사랑한다고 얘기하였다. 몸과 마음이 즐거우니 진심이 느껴졌나 보다. 아이가 "엄마, 나도 엄마 많이 사랑해. 나 너무 좋아. 다음에 우리 또 여행 오자."

백 마디 말보다 진심이 담긴 한마디가 얼마나 중요한지 깨달았던 경험이었다. 중요한 게 뭔지는 알지만, 현실에 치여 모르고 살 때가 있다. 그 소중한 것이 어떨 땐 의무적으로 대하기도 하고 막 대하기도 한다. 본심은 그게 아닌데 자꾸 현실 핑계만 댄다.

거창하게 뭘 하라는 말이 아니다. 엄마와 거닐었던 산책길, 하원 후에 먹었던 아이스크림, 진심이 담긴 사랑한다는 말, 엄마가 불러주었던 노래 등 그 순간 집중을 하자. 삶의 무게는 잠시 내려놓고 아이와의 추억을 만들자. 그 추억이 아이가 살아갈 원동력이 될 테니까.

어쩌면 육아 체질이 아닌 것 같습니다

사람들은 내가 어린이집 교사이고, 아동학 대학원을 다녀서인지 육아를 잘할 것으로 생각한다. 주위 지인분들이 물어보면 내가 아는 선에서 말을 해주는데, 솔직히 난 아직도 육아가 어렵다.

육아를 하면서 어려운 점은 먼저 아이의 마음을 잘 모르는 거다. 어떨 때는 똑같은 상황에서도 엄마가 말하는 것을 잘 듣다가도 어떨 때는 목이 터져라. 떼를 쓰기도 한다. 변덕이 제멋대로이다. 어른도 기분이 안 좋을 때는 다른 반응을 보이니, 아이도 그렇겠지 생각하다가도 도를 지나친 떼쓰기를 보면 감정을 억제하기 힘들다.

또한 아이 키우는 게 이만저만 신경 쓸 게 한둘이 아니다. 피부가 약해서인지 모기가 조금만 물려도 부풀어 오르고, 간지러운 것을 긁다 보면 농

가진으로 퍼져서 애를 먹는다. 아이 반찬부터 시작해서 조금이라도 다치면 신경이 곤두선다. 더운 날에는 덥지 않을까 걱정이고, 추운 날에는 춥지 않을까 걱정이다. 밖에 나가게 된다면 짐이 한 보따리가 된다. 아이의 여벌 옷, 물티슈, 이유식 하는 아기가 있으면 이유식 통, 아이 간식, 기저귀 등 이것저것 챙기고 아이 안전까지 봐야 하니 외출은 엄마에게 참 버겁다. 식당에서는 아이 먼저 챙기고, 부랴부랴 늦게 밥 먹다가 앞치마까지 입고 나와서 몇 번을 갖다준 적도 있다. "요즘 정신을 어디에다 두고 다니냐." "정신 좀 차려."라는 말을 들으면 왠지 모르게 서글퍼진다.

그뿐인가. 어린이집에 들어가면 아이 생일, 어린이날, 크리스마스 날 등 친구들 챙기려고 이것저것 선물을 모아 포장도 해야 한다. 받은 게 있으니 안 할 수도 없고, 선물 싸느라 밤늦게까지 잠도 못 잔다.

그렇게 힘들게 아이를 키우고 있는데, 아이가 공격적인 행동을 하거나 문제 행동을 보일 때는 가슴이 철렁하다. 내 육아에 문제가 있는 건지, 전문가 선생님을 찾아봐야 하는 건지, 혹시 아이가 잘못되는 것은 아닌지 죄책감에 잠도 못 잔다. 온몸과 마음을 다 내주는 게 육아가 아닌가 싶다.

어느 순간 아이를 키우다 보면 나의 정체성에 대해서도 고민을 해야 한다. '나 잘살고 있는 거 맞지?' '지금 일을 그만두고 아이를 키우는 게 맞는 건가?' '아이가 다 크고 나면 난 무엇을 해야지?' 괜히 일 나가는 아가씨 친구나 워킹맘이 부러워진다. 워킹맘의 사정도 별반 다르지 않다. 일하랴 아이 키우랴 무엇 하나 제대로 하는 게 없는 것 같아 힘에 부치기도 한다.

그리고는 다시 '아이 잘 키우는 게 제일이지.' 마음을 다잡고 온갖 육아서를 사고, 강의를 듣는다. 책을 읽을 때는 나도 잘 할 수 있을 것 같다. '아이에게 적용해봐야지.' 자신감이 솟는다. 하지만 막상 현실에서는 잘 안된다. 그리고 작심삼일처럼 금방 지치고 포기하고 만다. 반복되는 사이클에 지쳐만 간다. 누구보다 아이를 잘 키운다고 자부했던 내가 어쩌면 육아체질이 아닌 것만 같다. 자신감 넘치던 나는 어디 갔나. 계속 넘어지고 깨지고, 마음이 롤러코스터처럼 오르락내리락하다가 하루가 지나가고, 시간은 흐른다.

SNS에서 멋지게 보이는 엄마도, 옆집 엄마도, 친구 엄마들도 다 똑같지 않을까. 처음부터 잘하는 사람은 없다. 전문가들도 자기 자식은 힘들어한다. 아동 상담 강의를 들으러 간 적 있었다. 강의하러 오신 교수님이 이런 말을 한 적이 있다. "중이 제 머리 잘 못 깎는다고 우리 아이는 산만하고 집중을 못 해서 수업 시간에 계속 방해를 했어요. 학교에 불려나간 적이 몇 번 있어요. 처음에는 육아 상담을 전문으로 일하는 나인데 내 자식이 그러니 창피하기도 하고 인정하고 싶지 않았어요. 지금은 그 아이가 평범하게 잘 크는 것만으로도 감사해요." 육아는 그렇게 힘든 거다. 인정하면 된다. 인정하면 쉬워질 수도 있다. '나는 부족한 것도 많고, 내 아이와 잘 지내는 게 힘들지만 그래도 난 아이를 사랑해. 내가 돌볼 수 있을 때까지는 최선을 다해야지.' 이런 마음으로 하루하루 육아를 한다면 어제보다 나은 엄마가 되지 않을까?

아이가 잠들면 미안해지는 밤

밤은 사람을 감성적으로 만든다. 아이와 나는 일과를 끝내고 누워서 가끔 이런저런 이야기를 한다. 그날은 아이도 감성적으로 되었던 것 같다.

"엄마, 난 어떻게 태어났어?"

아이가 4살 때 이혼을 했다. 5살, 6살 때는 아빠를 찾는 아이를 보면 같이 울었다. 꼭 죄인이 된 것 같았다. 5살 어린 아이 눈에는 친구와 사촌 언니, 동생들은 다 아빠가 있는데 왜 난 없지 그런 생각에 아빠를 그리워했던 것 같다. 화를 낸 날은 "엄마, 미워. 아빠한테 갈 거야."라고 말하며 내속을 뒤집었다. 그건 아이가 나를 협박하는 가장 큰 무기였다.

아픔도 시간이 지나면 아물 듯이 이제는 아이가 아빠를 찾아도 나는 울지 않는다. 미안해하지도 않는다. 담담히 말한다.

"아빠랑 서로 사랑해서 태어났지."

"근데 왜 지금은 같이 안 살아?"

"엄마랑 아빠는 자주 싸우니깐 아빠가 서울에 간 거야."

"서로 안 맞아서?"

"응. 왜 아빠 보고 싶어?"

"응."

"그래도 우리 채린이 아빠 보고 싶다고 안 우네."

"응. 아빠도 서울에서 잘살고 있겠지. 나중에 커서 아빠 볼 수 있다고 했으니깐 기다릴 거야."

어느새 아이도 훌쩍 성장했다.

아이에게 화를 내고 어김없이 밤이 찾아온다. 아이를 재우고 아이 얼굴을 보며 우리는 후회를 한다. '아까 그렇게 화낼 것까지 없었는데.' 쓰다듬고, 뽀뽀하며 '엄마가 미안해.' 말하며 우는 엄마도 있을 것이다. 그리고 다음 날, 우리는 망각의 동물처럼 또 화를 낸다.

매일 밤 우리는 반성을 하고 죄책감을 느끼지만 괜찮다. 다시 한번 아이의 사랑을 확인할 수 있는 계기가 된다. 잠든 아이가 그렇게 예뻐 보일 수 없다. 아이를 보며 내일은 더 잘해줘야지 결심을 하며 엄마는 성장한다. 미안했던 일도, 속상했던 일도 모두 추억이 된다.

엄마의 낮은 자존감이 '화'가 되었습니다

자아존중감이 높은 사람은 어떤 사람일까? 남들 시선에는 아랑곳하지 않고, 자기 소신대로 살아가는 사람. 우리는 그런 사람을 보면 자아존중감이 높다고 말한다. 자아존중감은 어릴 때 부모와의 관계에서부터 시작된다.

나는 3녀 1남 중 막내딸이다. 아래에 남동생이 있다. 한마디로 아들을 낳으려고 나를 낳았다는 이야기를 어릴 때부터 듣고 자랐다. 어렸을 적에 부모님들이 다 그렇듯이 먹고살기 바빠서 제대로 된 케어를 받지 못했다. 부모님들은 항상 바쁘셨고 혼자 지내는 시간이 많았다. 또한 위에 언니들이 다 공부를 잘해서 항상 비교를 당하는 편이었다. 천성이 소심하고 마음이 여리다. 비교까지 당하니 자아존중감이 높을 리가 없었다.

사회에 나와서도 마찬가지였다. 부모님의 인정을 받고 싶어 좋은 직장을 잡으려고 노력했다. 뜻대로 되지 않았다. 사랑받고 싶은 열망은 결혼까지 이어졌다. 결혼의 이유도 부모님이 남편을 좋아하시고, 남편이 부모님께 잘해서였다. 인생의 결정적인 선택에도 나는 없었다.

그리고 결혼도 실패했다. 지금은 4남매 중에서 제일 안쓰러운 자식이다.

생각해 보면 살면서 자아존중감이 높았던 적이 없다. 연애도 인간관계도 질질 끌려다녀서 상처밖에 없다. 낮은 자아존중감이 육아에도 영향을 미쳤다. 아이가 나에게 화를 내거나 내 말을 안 들을 때 은연중에 나를 무시한다고 생각했던 것 같다. 세상에 태어나서 카리스마라는 말을 들어 본적 없던 나는 '아이에게도 무시를 당하는 구나.'라는 생각을 했었다.

그런 생각들이 평상시에는 괜찮았다. 하지만 안 좋은 일이 있거나 자아존중감이 밑바닥 치고 있을 때는 나도 모르게 화가 났다. '내가 자기를 어떻게 키웠는데, 힘든 와중에도 내색 안 하고 키웠건만 나를 무시하다니.' 그런 생각에 화는 더더욱 치밀었다.

어느 날, 부모님이 하시는 말을 우연히 들었다. 이번에 남동생이 결혼을 했다. 올케는 결혼하면서 아버지가 운영하시던 일을 도와주고 있었다. 아버지는 어머니에게 올케가 딱 부러지게 일도 잘하고, 싹싹하다며 칭찬을 하셨다. 그러면서 내 이야기가 나왔다. 난 무슨 일을 하면 포기도 빠르고 영 미덥지가 않다고 말씀하셨다. 그 이야기를 듣는데 가슴이 쿵 내려앉았다. 이제는 하다못해 열 살 아래인 올케한테 비교를 당해야 한다니. 내가 그렇게 못났나 그런 생각 들었다.

기분이 좋지 않은 상태였는데, 딸아이가 숙제하고 있었다. 가족 그림을 그리고 있었는데 올케는 아주 예쁘게 그리고 나는 너무 못생기게 그렸다. "채린아, 외숙모는 예쁘게 그리고 엄마는 왜 이렇게 못생겼어?" 물으니 "엄마는 머릿수도 없고 화장 안 하면 얼굴에 점이 많잖아." 라고 말했다. 뼈 맞았다. 맞는 말이었지만 인정하기 싫었다.

평소 같으면 웃고 넘길 일이었는데, 그날따라 화가 치밀었다. "엄마가 채린이 밥도 챙겨주고 놀아도 주고 갖고 싶은 것도 사주는데 너무 한다. 엄마가 채린이 못생겼다고 하면 기분 좋아?"라고 쏘아붙였다. 아이는 당황한 듯 "나 못생기지 않았거든. 그림은 사실대로 그려야 하잖아."라고 말하며 마저 그렸다. 그런 아이가 얄밉기도 하고 그 순간 '나를 사랑해 주는 사람은 아무도 없다.'라는 극단적인 생각이 들었다. 너무 화가 나서 아이가 말을 걸어도 쌩하고 먼저 잠을 잤다.

그 다음 날, 내 행동이 유치했다는 생각이 들었다. 나의 낮은 자존감으로 별것도 아닌 거로 아이와 싸웠다. 그 전에 아버지에게 비교하지 마시라고, 기분 나쁘다고 말을 먼저 해야 했다. 아니면 아버지 생각은 그렇다고 흘려들어야 했다. '난 그런 사람이 아니야. 나한테는 무한한 가능성이 있고, 아버지에게 무시당할 만큼 나약한 사람이 아니야.'라고 나를 다독여야 했다.

하교한 딸아이에게 어제 일을 사과했다. 딸아이는 괜찮다고 말해주었다. 그리고는 "엄마, 나 엄마 그림 다시 그렸어."라고 말하며 그림을 보여주었다. 그림 속 여자는 예뻤다. "엄마는 화장하면 외숙모처럼 예뻐. 그리고 나는 외숙모보다 엄마를 아주 많이 사랑해."라고 말하며 안아주었다.

낮은 자존감이 아이를 통해 치유되는 것 같았다. '엄마는 아이에게는 그 누구보다 소중한 존재구나! 남들이 무시하면 어때? 나를 어떻게 보든 그게 무슨 상관이야.'라는 생각이 들었다.

　자아존중감이 높아지려면 내가 어떤 행동을 하던 옆에서 나를 지켜봐
주고 응원해주는 단 하나의 사람만 있으면 된다. 그게 자식과 부모의 관계
인 것 같다. 나도 아이에게 자아존중감을 충전 받았듯이 똑같이 아이에게
그런 사람이 되고 싶다. 힘들 때, 외로울 때 생각나는 단 한 사람 엄마라는
존재가 아닐까.

화를 내도 "사랑해" "안아줘"라고 말하는 아이

누구나 살면서 가슴 따뜻해지는 말이 있다. 나에게는 "사랑해."라는 말이다. 처음 아이가 나에게 "사랑해."라고 했던 말이 기억난다. 두 팔을 위로 올려 크게 하트를 만들어 "엄마, 사랑해."라고 했던 그 순간을 잊지 못한다. 그 후 얼마나 많은 "사랑해."를 들었는가. 살면서 한 사람에게 그런 말을 그렇게 많이 들어보았던 적이 있던가? 난 행복한 사람이다. 계속 들어도 또 듣고 싶은 말이다. 아이는 어쩜 내 마음을 족집게처럼 잘 아는지 적재적소의 상황에서 "사랑해."라는 말을 잘한다. 화가 났던 상황에서도 "사랑해." 이 한마디면 욱했던 마음도 와르르 무너지고 만다.

아이는 할 줄 아는 말이 많아지면서 말대꾸를 한다. 목욕하려고 하면 "이것만 먹고 할게." "이것만 하고 할게." 등 온갖 핑계를 대며 미루기 시작했다. 잠잘 시간은 다가오고 목욕할 기미는 보이지 않자 점점 화가 났다. 어르고 달래서 목욕탕에 들어가면 세월아 네월아 하며 물장난을 치며 내 인내심을 시험한다.

아이는 어떻게 내가 싫어하는 행동을 다 아는지, 속을 박박 긁는다. 화를 참다가도 한 번씩 화를 낸다. 이렇게까지 화낼 필요는 없었는데, 쌓인 것까지 이자를 더해 더 화를 낸다. 아무리 내가 화를 내도 아이는 조금 지나면 웃는다. 그리고 내게 다가와 "엄마, 화 다 풀렸어? 나 안아줘."라고 말한다. 그럼 화냈던 마음은 눈 녹듯 사르르 녹는다.

"채린아, 아까 엄마가 화내서 기분 나빴지? 미안해."
"아니야. 괜찮아. 엄마, 나도 엄마 말 안 들어서 미안해."
"으구~ 내 새끼 다 컸네."
"엄마, 엄마랑 자주 싸워도 이렇게 빨리 사과하니깐 좋다. 우리 이제부터 싸우더라도 삐지지 말고 빨리 풀자, 엄마 사랑해."

어쩜 하는 말마다 이렇게 주옥같을까? 엄마의 짜증에 섭섭할 만도 한데, 아이는 나를 항상 더 미안하게 만든다. 갈등이 쌓이고, 표현하지 않고 묵혀두면 더 큰 일로 다가온다. '괜찮겠지.'라는 마음이 눈덩이처럼 걷잡을 수 없이 커져 나중에는 폭발하고 마는 것이다.

연인 사이에도 이런 일이 비일비재하다. 나중엔 조그만 불씨가 헤어짐의 원인이 되기도 한다. 인간관계에서 갈등은 피할 수 없다. 자식 부모 관계, 연인관계, 부부관계 등 각기 다른 인격체가 만났으니 안 싸우는 게 비정상처럼 보인다. 하지만 잘 지내는 관계가 있고, 앙숙처럼 만나기만 하면 싸우는 관계가 있다. 이 둘의 양상은 어떻게 현명하게 갈등을 해결하는지에 따라 갈라진다. 각자의 성격을 존중해주고, 배려하고, 갈등이 있더라도 잘못을 인정하는 관계는 죽을 때까지 서로를 이해하며 살아갈 것이다.

나는 그동안 사람들과의 갈등이 있으면 피했었다. 나이가 들수록 먼저 미안하다고 다가가는 게 힘들었다. 이 사람하고는 맞지 않다고 단정 짓고 서서히 멀어짐을 택했다. 어쩜 소중한 사람들을 잃었는지도 모른다. 아이처럼 솔직하게 미안하다고 사과하고 서운했던 것을 말했더라면 쉽게 풀릴지도 모르는 문제였는데. 옹졸한 마음에 그러지 못했다.

오늘도 난 아이에게 배운다. 아무리 화를 내도 나에게 "사랑해." "안아줘."라고 말하는 아이. 미웠던 감정도 부질없게 만드는 한마디였다. 어쩜 사람과의 관계에서는 많은 말이 필요하지 않는지도 모른다. 진심 어린 말 한마디가 사람의 마음을 움직인다. 오늘은 내가 먼저 아이에게 다가가 "채린아 사랑해. 미안해. 안아줘."라고 말해야겠다. 더 단단하고 행복한 우리 미래를 위해서.

제3장

완벽한 엄마가 아니어도 괜찮아

육아서 그대로 따라해 보기

"아이가 떼를 쓰거나 말을 안 듣는다면 감정을 먼저 읽어줘라."

육아서에서나 어린이집 부모교육 자료를 보면 많이 봐왔던 글귀일 것이다. 아이가 화가 났을 때, 감정을 읽어 주면 화가 조금은 가라앉는다. '엄마가 내 마음을 알아주네.'라고 생각해서 상황을 안정시킬 수 있다. 하지만 좀처럼 쉽지만은 않다.

아이랑 목욕 문제로 실랑이를 벌이고 있었다. 여느 때와 같이 목욕을 안하고 싶어 떼를 쓰고 있었다. 화가 머리끝까지 났지만 마음을 다잡고 깊은 숨을 내쉬었다. '맞아. 감정을 읽어줘야지.'라는 생각이 들었다.

"아~그랬구나. 우리 채린이가 목욕하기 싫었구나."

여느 때라면 "얼른 목욕해야지. 목욕 안 하면 냄새나고 친구들이 안 놀아준다." 며 반협박을 하고 있을 텐데, 갑자기 변한 엄마 말투의 당황해한다.

"엄마, 왜 그래?"

아이의 반응에 아랑곳하지 않았다. 감정 읽기보다 더 나아가 I-message 기법을 사용했다. I-message는 감정을 상대방에게 떠넘기는 게 아니라 내 감정을 있는 그대로 상대방에게 표현하는 것이다. 예를 들어 "너 왜 목욕 안 해?" "너는 이것도 못 하니?"는 너 전달법이고, "네가 그런 행동을 해서 난 기분이 안 좋아." "네가 나에게 웃어주니 기분이 좋아."는 나 전달법이 다.

"엄마가 평소와 다른 반응이어서 이상했구나. 엄마는 채린이가 목욕을 안 하면 너무 속상해."

"하하하. 엄마 말투 왜 이래? 꼭 로봇 같아."

아이는 배꼽을 잡으며 엄마 말투 이상하다며 웃었다. 그리고는

"싫어. 나 목욕 안 할 건데."

라고 내 화를 더 돋웠다. 나는 끓어오르는 화를 누르고 다시 시도해보기로 했다.

"우리 채린이가 목욕을 정말 하기 싫었구나."

말투와는 다르게 얼굴은 붉으락푸르락 화가 치밀어 보이는 엄마의 모습이 웃기기만 한지 아이는 웃기만 했다. 나는 대안점을 제시했다.

"그럼 채린이 엄마랑 욕조에서 놀면서 목욕을 할까?" 그렇게 1시간 동안 목욕을 했다. 매번 이렇게 목욕시킬 수는 없다.

육아서에서 나온 대로 육아하기에는 괴리감이 있다. 또한 감정을 읽어주기란 쉽지 않았다. 나는 어렸을 때부터 감정을 드러내는 게 쉽지 않았

다. 감정을 읽어주기는커녕 감정을 드러내지 않는 게 더 편했다. 사회에 나와서도 마찬가지였다. 내 감정을 돌봐주기보다는 남의 비위 맞춰 주느라 힘들었다. 감정을 드러내면 프로답지 못하다. 눈치가 없다는 듯한 눈초리가 날아왔다. 그러다 보면 나는 없고 스트레스는 쌓여만 간다. 그렇게 살아오다 아이의 감정을 읽어줘야 한다고 하니 당연히 힘든 게 맞았다.

처음에는 어설프기도 하고 이게 맞나? 의구심도 들었다. 근데 아이가 정말 많이 화가 났을 때 감정을 먼저 읽어주니 신기하게도 표정이 조금은 바뀌었다. 떼를 쓰던 얼굴도 엄마를 향해 봐주었다.

대부분의 아이는 자기가 왜 우는지 모르는 경우가 많다. 처음에는 우는 이유가 명확했지만 울다 보면 내가 왜 울고 있는지 모른다. 한 번은 어린이집에서 선생님과 아이의 실랑이를 본 적이 있다. 아이는 야채를 먹기 싫어서 야채만 쏙 빼고 밥을 먹고 있었다. 선생님은 아이에게 야채도 같이 먹으라고 권했다. 하지만 점심시간은 다 끝나 가는데 밥은 안 먹고 아이는 멀뚱멀뚱 있기만 했다. 선생님도 슬금슬금 화가 났는지 "야채 안 먹으면 동생반 가서 먹으세요."라고 말하였다. 물론 아이의 행동이 이번 한 번뿐이 아니었다. 선생님은 인내심의 한계를 느끼는 것 같았다. 아이는 크게 울음을 터트렸다. 울음을 그치라고 했지만 아이는 더 크게 울었다. 선생님은 마무리 정리하고 교실로 들어가 버렸다. 조리사 선생님이 다가와서 "왜 울었니?"라고 물어보셨다. 아이의 대답은 "모르겠어요."였다.

아이들 역시 자기감정을 모른다. 그런데 그때, 엄마나 선생님이 감정을 읽어주면 아이는 내가 왜 화가 나는지, 왜 울고 있는지 깨달을 수 있다. 그리고는 잠시 생각할 시간을 주고, 대안점을 주거나 안아준다면 상황이 더 부드럽게 흘러갈 수 있다.

감정표현이 힘들다면, 카드를 이용해서 감정표현 놀이를 하는 것도 좋다. 나는 대학원에서 부모-자녀 관계치료 수업을 들은 적 있다. 수업 전에 항상 감정 카드를 놓고 한 주 동안 느꼈던 감정에 관해서 이야기하는 시간을 가졌다. 말로 표현하기 힘들었던 일도 감정표현 카드를 보고 생각나기도 하고, 내 감정이 어땠는지 더 잘 설명할 수 있었다. 사람들이 공감해주면 위안이 되기도 했다. 아이와 저녁마다 감정 카드를 놓고 오늘 하루 중 느꼈던 감정에 관해서 이야기하는 시간을 가져보면 어떨까?

어른 중에서도 감정표현이 서툰 사람들이 있다. 그래서 자기감정을 억제 못 해서 욱하기도 하고 사람들에게 상처를 주기도 한다. 아이가 그렇게 크길 바라는 부모는 없을 것이다. 자기감정을 알고, 컨트롤할 수 있는 사람으로 키우고 싶을 것이다. 오늘부터 낯간지럽더라도, 아이가 웃어도 하루에 한 번만이라도 감정을 어루만져 주자.

화가 난다. 화가 난다. 오늘도 참는다

나는 화가 나거나 힘든 일이 있을 때, 항상 짜증을 잘 냈었다. 말로 표현은 안 했지만, 표정 관리가 안 되었다. 그렇게 살다 보니, 소중한 사람들과의 관계도 소홀해지고 멀어졌다. 그리고 인생이 말처럼 편하지 않은 데로 흘러가는 것 같았다.

나한테 감정조절이 필요했다. 더는 사소한 일에 마음이 흔들리고 싶지 않았다. 육아에서도 마찬가지였다. 조그마한 일에도 짜증 나는 아이를 보니, '혹시 나를 보고 배운건가?'라는 생각이 들었다. 죄책감이 밀려왔다. 더는 화내는 엄마, 짜증 부리는 엄마로 살기 싫었다. 큰 결심을 하고 100일 동안 화를 참아보기로 했다.

아이들은 눈치가 빠르다. 엄마의 행동에 이상한 낌새를 느낀다. 이쯤 되면 엄마가 화를 내야 하는데, 화를 내지 않자 이상하다고 생각한다. 몇 번 더 깐죽거려본다. '어라? 화를 안 내네.' 안전하게 몇 번의 실험을 한 후, 엄마가 화를 안 낸다는 것을 파악한다. 그때부터 내 세상이다.

"엄마, 나 유튜브 좀 더 볼게. 한 번만."
"엄마랑 약속했지? 두 번 봤으면 이제 핸드폰 꺼."
"알았어."
라고 말한 후, 핸드폰을 안 끈다. 한 번에 끌 일이 없다.
"핸드폰 이제 꺼."
"이거 얼마 안 남았어. 이것만."
부글부글 또 화가 치밀어 오른다. '아니야. 난 참을 거야.' 마음을 다잡았다.
"채린아, 지금 안 끄면 엄마가 끌 수밖에 없어. 엄마가 끌까? 채린이가 끌까?"
선택권 기법이 들어간다. 예전 같으면 엄마 눈치 살살 보면서 끌 아이가 온갖 짜증을 부린다.
"싫어. 나 볼 거야."
더는 무리다. 화가 머리끝까지 왔다. 심호흡을 한번 하고 내일 두 번 더 볼 것을 약속하고 상황을 마무리시켰다.
어린이집 선생님들이 제일 싫어하는 시간은 어떤 시간일까? 밥 먹는 시간, 양치질하는 시간, 재우는 시간. 이 셋 중에 하나는 꼭 들어갈 것이다. 아이들은 기본생활 습관을 들여야 할 상황에서 제일 떼를 많이 쓴다. 위기 상황이 들이닥쳤다.

"채린아, 전복도 먹어봐. 안 그래도 마른 아이가 더 마른 것 같아. 엄마가 일부러 사 왔어."

"싫어."

전복만 쏙쏙 빼먹는 아이에게 또 화가 났다. 안 그래도 비싼 전복 크고 좋은 걸로 사 왔는데, 얄미웠다. 밥을 먹다 말고 돌아다닌다.

"채린아, 밥 먹다 말고 어디가? 얼른 앉아."

"잠깐만, 나 이것 좀 하고."

밥을 한번 먹고는 소파 위에 올라갔다 미끄러져 쿵 내려온다. 화가 난다. 하지만 참는다.

"채린아, 그렇게 하면 아랫집 할머니 시끄러워, 얼른 자리에 와서 앉아."

"알았어."

자리에 앉다가 그만 먹었던 밥과 국을 쏟아버린다. 최고급 상의 난이도다. 예전에 나였으면 바로 소리가 나가겠지만, 난 마음을 다스릴 수 있는 엄마다.

"앉을 때 조심해야지. 옷 갈아입고 와. 엄마가 정리할게."

나이스 최고의 대처법이다. 난 온화한 엄마다.

이제 마지막 난관만 남았다. 잠잘 시간이다. 잠자려고 누웠는데, 아이가 일어선다.

"채린아, 잘 시간이지. 얼른 누워."

"나 화장실 갔다 올게."

"알았어."

화장실에 간 아이가 몇 분이 흘러도 돌아오지 않는다.

"채린아, 아직 멀었어?"

"나 똥 싸고 있어."

"응, 알았어."

다시 자리에 와서 눕는다. 몇 분 뒤척이더니 다시 일어난다.

"채린아, 왜?"

"나 목말라. 물 마시고 올게."

역시 물이 빠지면 섭섭하지. 아이들이 잠자기 싫을 때 하는 행동에서 빠질 수 없는 물이다.

"알았어."

물을 마시고 다시 어슬렁어슬렁 방으로 들어온다. 또다시 뒤척이더니 노래를 불러 달라고 한다. 섬집아기를 연달아 다섯 번 부른다. 그러더니 이제는 혼자 노래를 부른다. 다시 인내했던 내 마음이 요동친다. 참아야 한다.

"채린아, 벌써 한 시간째야. 이제 자자. 엄마 내일 출근도 해야 해."

"잠이 안 온다 말이야. 엄마 내가 어젯밤 꿨던 꿈 얘기해 줄까?"

아! 꿈 얘기는 제발 안 돼. 끝나지 않는 이야기다. 듣다가 조금만 졸려 하면 팔을 때리며

"엄마? 듣고 있어? 그런데 말이야. 그때."

아이는 삼십 분을 더 떠들다가 잠이 들었다.

오늘 하루도 수고 많았다. 난 화내지 않아. 내 마음은 평온해. 정말 평온한 거 맞지?

화가 난다. 화가 난다. 오늘도 무사히 잘 참았다.

또 욱 하고 말았습니다

그날 아이를 밀쳤다. 하루하루 힘겹게 화 안 내기 프로젝트를 실행하고 있었다. 하루에도 몇 번씩 올라오는 '욱'을 참았다. 하지만 참았던 화는 걷잡을 수 없었고 난 이성을 잃고 아이를 밀쳤다.

그날의 사건은 이랬다. 나의 새해 계획 중에 유튜브 하기가 있었다. 영상을 찍는데, 화질의 문제가 있었다. 난 최신 기기에 별로 관심이 없어서 구형 핸드폰을 사용하고 있었다. 영상을 찍으려면 최신 핸드폰이 필요했다. 큰맘을 먹고 24개월 무이자 할부로 핸드폰을 장만했다. 아이도 사진화질이 좋은지 자꾸 내 핸드폰을 들고 사진을 찍으려고 하였다. 아이에게 이 핸드폰은 비싼 핸드폰이니깐 자리에 앉아서 찍으라고 몇 번 주의를 주었다. 아이는 말을 안 들었다. 그러다가 핸드폰을 떨어뜨렸다. 거기까지는 괜찮았다. 핸드폰이 파손된 것도 아니고, 실수였기 때문이었다. 그때, 난 핸드폰을 가져갔어야 했다. '괜찮겠지.'라는 안일한 생각을 하고 있었다.

아이가 핸드폰으로 놀고 있다가 방문 틈에 핸드폰이 있는지도 모르고 문을 닫아 버렸다.'빠지직' 핸드폰 액정에 기스가 나버렸다. 순간 화가 치밀었다.

"엄마가 핸드폰 가져가지 말랬지? 왜 이렇게 말을 안 들어? 어떻게 할 거야? 산 지 하루밖에 안됐는데. 망가져 버렸잖아."

한 소절만 하면 됐었다. 하지만 화는 그동안의 쌓였던 화까지 나를 삼켰다.

"목욕하자고 했는데, 왜 계속 놀고 있는 거야? 지금 몇 시야? 잠 안 잘 거야? 얼른 옷 벗어."

아이를 거칠게 잡아 옷을 벗기고 욕실로 들어갔다.

"아, 화가 나. 엄마는 노력하는데 너는 왜 그러는 거야? 고개 숙여 머리 감게."

아이는 아무 말 없이 고개를 숙였다. 화는 좀처럼 사그라지지 않았다. 목욕하고 옷을 갈아입으라고 하였다. 아이가 낑낑대며

"엄마, 잘 안 돼."

"이것도 못 해? 나이가 몇 살이야? 아, 속상해."

옷을 입히다 나도 모르게 아이를 밀쳐 버리고, 울어 버렸다. 아이는 당황했는지 멈춰 있었다.

'정말 못났다. 아이에게 왜 그렇게 화를 내고 있지? 그깟 핸드폰이 뭐라고? 왜 이렇게 구질구질하게 사는 거야. 아이에게 절대 자신감을 떨어뜨

리는 말은 하지 않겠다고 다짐했는데, 이렇게 어이없게 그 말을 해버리다니. 폭력을 써버리다니. 난 엄마 자격도 없어.'

그때의 나는 고삐 풀린 망아지처럼 이성은 없었다. 감정만 앞서고 내 감정을 컨트롤할 수 없었다. 하지 말아야 할 말을 뱉어 버렸다. 그 말을 주워 담을 수 없고 아이는 이미 상처받았다는 생각과 밀려오는 죄책감, 미안함은 나를 더 힘들게 했다.

나는 또 '욱'하고 말았다. 화는 참아서 참아지는 게 아니었다. 내 마음속에 차곡차곡 쌓이고 있었다. 스트레스를 받으면 몸이 아픈 것처럼 화도 사라지는 게 아니었다. 제때 치료를 받지 않으면 큰 병이 되는 것처럼 쌓였던 화는 더 큰 화를 불러일으켰다. 그날, 차라리 아이가 핸드폰을 떨어뜨렸을 때 실랑이하더라도 핸드폰을 가져갔더라면 이렇게 파국적인 결말은 없었는지도 모른다. 지금도 그때를 떠올리면 가슴이 벌렁벌렁하다. 혹여나 아이가 그날의 일을 평생토록 기억할까 봐 겁이 난다. 그날의 일은 나에게 큰 교훈을 주었다. 그리고 내가 어떻게 육아를 해야 하는지 방향을 잡아줬다. 내 글을 읽는 분들은 나와 같은 실수를 하지 않길 바란다.

샌드백아, 나 좀 도와줘

　코로나바이러스로 학교 개학일이 또 연기가 됐다. 하루가 다르게 많아지는 확진자 수를 보면 무섭다. 우리 지역 병원에 확진자가 있다더라, 코로나에 걸리면 폐가 망가진다더라. 인터넷에 떠도는 정보는 나를 더 두렵게 만들었다. 하지만 코로나보다 더 나를 두렵게 한 건 아이였다.

　몇 주는 견딜 만했다. 건강과 안전이 직결되어 있던 문제였으므로 어떻게든 버텼다. 한 달이 되고 두 달이 되니, 스트레스는 극도로 달했다. 삼시 세끼 차려주는 것은 물론 간식까지 해 먹어야 했다. 청소한 후 몇 시간 지나면 집은 난장판이었다. 일하는 큰언니를 대신해서 사촌 조카들까지 같이 보는 상황이라 집은 더 더러워지고 스트레스는 두 배였다. 잠깐 쉬려고 누우면 아이들 떠드는 소리에 잘 수도 없었다. 쿠키 만들어 달라, 피자 만들어 달라 등 온 부엌을 밀가루 범벅으로 만들기도 했다. 밖에 나가서 아이들도 에너지를 방출하고 나도 콧바람 좀 쐬고 싶었지만, 혹시나 바이러스에 감염되지 않을까 하는 생각이 나갈 수가 없었다. 창살 없는 감옥 같았다.

짜증과 화를 참아보려고 했지만 한 번씩 터지는 욱은 걷잡을 수 없었다. 그러면 아이도 덩달아 격해져서 "엄마, 미워."라고 말하며 울기도 하고 어떨 때는 나를 때리려고 하기도 했다. 아이와 나의 격해진 감정을 잠재우기 위해서는 샌드백이 필요했다.

샌드백은 권투 선수가 연습할 때 사용하는 운동 기구다. 주먹으로 치며 다시 튀어 올라오는 오뚝이 같은 어린이용 샌드백이 있다. 놀이 치료에서는 감정표출을 도와주는 놀잇감으로 많이 사용한다.

아이는 화가 났을 때, 자기감정을 억제하지 못한다. 그래서 공격적인 행동을 할 때가 많다. 나는 아이가 감정이 격해질 때, 샌드백을 제시했다. 처음에는 어리둥절한 태도를 보였다. 하지만 이내 샌드백을 치면서 웃기도 하고 장난을 쳤다. 기분이 금세 풀어진 것이다. 아이는 사촌 언니랑 싸웠을 때, 엄마에게 감정이 상했을 때 나에게 이렇게 말했다.

"엄마, 샌드백 좀 꺼내 줘."

그리고는 샌드백을 신나게 내리치면서 감정을 조절하였다. 그런 모습을 보고 있으면 화가 나더라도 나도, 사촌 언니도 금세 언제 화가 났냐는 듯이 웃음이 터진다. 굳이 샌드백이 아니어도 된다. 집에 있는 큰 곰 인형이나 방석, 베게 등 푹신한 것을 사용해도 된다.

이제 나에게도 샌드백이 필요했다. 100일 동안 화를 참기로 했지만, 복병인 코로나 때문에 화를 제어하기는 쉽지 않았다. 어느 날은 화가 치밀대로 치밀어 현관문을 박차고 나가버렸다. 집에 있다가는 무슨 사달이 날 것 같았다. 차를 타고 향한 곳은 내가 좋아하는 커피 전문점이었다. 아이스라테 한잔을 주문해서 쭉 들이켰다. 시원했다. 그리고 행복했다. 감정이 누그러지더니 편안해졌다. 다시 집으로 돌아와 아이에게 사과하고 꼭 껴안아 주었다.

그날 밤, 나처럼 독박 육아(혼자만 하는 육아)를 하는 둘째 언니에게 전화를 걸었다. 언니는 아들만 둘이어서 더 힘들 것 같았다. 둘째 언니는 "맨정신으로는 아이들 못 보겠더라고. 하루에 와인 한 병은 다 마시는 것 같다. 와인을 마시면 스트레스도 풀리고 좀 낫더라고." 언니의 샌드백은 와인이었다.

나는 화가 치밀어 오를 때마다 아이스라테를 마셨다. 아이스라테는 나에게 구세주였으며 감정 배출구였다. 그렇게 아이와 나는 각자의 샌드백으로 감정을 조절했고, 다행히 아무 일 없이 아이는 다시 학교에 갈 수 있었다.

스트레스가 쌓였을 때, 순간에 감정을 억제하지 못할 때 나만의 샌드백을 찾아보자. 샌드백은 나에게 신세계를 보여줄 것이고 기꺼이 나의 감정받이가 되어줄 것이다. 자신이 좋아하는 것이면 다 된다. 순간 소확행(소소하지만 확실한 행복)을 느낄 수 있거나 감정을 확 변화시킬 수 있는 물건이면 된다. 화가 난 감정을 아이가 아닌 외부로 돌려보자.

문제는 아이가 아닌 엄마였습니다

어느 날, 너무 화가 치밀어서 아이에게 물었다.

"채린아, 엄마가 올라가지 말라고 계속 말하는데, 왜 계속하는 거야? 엄마는 너무 화가 나."

"(울먹이며) 재미있으니깐."

"엄마가 화내도 재미가 있으니깐 계속하는 거야?"

"응."

생각지도 못한 대답이었다. 그동안 수많은 질문을 나에게 했었다. '왜 나는 화가 나는 거지?' '왜 아이는 떼를 쓰는 거지?' '왜 내가 그만하라고 해도 계속 나를 화나게 만드는 거지?' 근데 답은 단순했다. 아이가 내 말을 안 들을 때, 나를 무시한다고 생각했었다. 그래서 더 화가 났고 거칠게 굴었다. 하지만 아이의 대답은 단순했다. 아, 이 얼마나 허무한 일인가. 웃음밖에 안 나왔다. 그동안 화가 난 문제는 아이가 아닌 나의 잘못된 생각과 행동이었다.

어린이집 학부모님들과 상담을 해보면 이런 이야기가 많이 나온다. "선생님, 저희 애가 화가 나면 집에서 아빠를 때려요. 왜 그런지 모르겠어요." "저희 애는 화장실에 들어가면 물장난을 계속해요. 어떤 때는 변기에 손을 담가서 놀고 있더라고요. 한두 번이지 그런 모습 보고 있으면 화가 나요." 거의 모든 엄마는 아이의 잘못된 행동이 아이의 문제라고 생각을 한다. 하지만 진짜 아이만의 문제일까?

어느 날, 아이가 거실에서 사촌 언니랑 놀고 있었다. 둘이 한창 잘 놀다가 싸우는 소리가 들렸다. 난 방에 있었고, 조금 싸우다 말겠지 해서 나가보지는 않았다. 그리고는 책을 보고 있는데 사촌 조카가 방으로 들어오더니 "이모, 채린이가 저 때렸어요."라고 말했다. 너무 놀라 바로 거실로 갔다.

"채린아, 언니 때렸어? 왜 때렸어?"

"나도 몰라."

"언니 때리면 돼? 안돼? 기분 나쁘면 말로 해야지."

"손이 제멋대로 움직인단 말이야."

하고 아이는 엉엉 울었다. 순간 말문이 막혔다. 나 역시 마음이 너무 격해졌을 때, 채린이의 엉덩이를 몇 번 때린 적이 있었다. 나도 그 순간 내 마음과 달리 내 손이 제멋대로 움직였다. 아이의 마음을 충분히 알 수 있었다. 나의 격앙된 행동을 아이는 따라 배운 것이었다.

"채린아, 엄마가 너무 몰아세워서 미안해. 맞아, 어른인 엄마도 감정을 잘 조절 못 하는데, 채린이도 힘들겠지."라고 말하며 서로 부둥켜안았다.

조금 진정이 된 후, 아이는 언니에게 사과하고 놀았다. 난 아이에게 말했다.

"채린아, 네가 세 살 때 한번은 친구를 때린 적이 있었거든. 그때 엄마가 "하지 마세요."라고 말하니깐 채린이는 이 행동은 하면 안 되는 행동이라고 생각해서 그 후에는 절대로 친구를 때리지 않았어."

"정말? 내가 그랬어?"

"응, 채린아 힘들겠지만 노력해보는 거야. 알았지?"

"응."

아이가 잘못된 행동을 했을 때, 나 자신을 돌아보자. 그리고 아이의 마음을 미러링해서 공감해주자. 아이의 거울은 부모이다. 부모를 따라 배우고 행동한다. 내가 화를 내거나 감정 조절 못 하는 사람이면 아이는 그렇게 될 것이고, 잘못을 인정하고, 고쳐 볼 수 있도록 노력하는 사람이라면 아이도 충분히 배울 것이다. 공감은 인생을 살면서 중요하다. 이기적인 아이로 키울 것인지, 사람들과 잘 어울리며 배려하는 아이로 키울 것인지는 각자 선택의 몫이다.

엄마의 '화' 리스트 VS 아이의 '짜증' 리스트

화 안 내기 프로젝트가 반쯤 지났다. 그동안 참았다가 폭발하기도 하고, 어떻게 하면 화를 안 낼까, 화내는 상황을 피할 수 있을까 고민했다. 도저히 안 되겠다 싶어 내가 언제 화가 많이 나는지, 아이는 언제 가장 짜증을 많이 내는지 종이에 적어보았다.

엄마의 화 리스트

1. 아프거나 피곤할 때

몸이 아프면 다 귀찮다. 특히 나는 허약체질이어서 자주 아프다. 전날 잠을 못 자면 그다음 날 컨디션은 엄청 저조하다. 컨디션이 안 좋을 때, 아이는 더 많이 요구하는 것 같다. 이 날은 "엄마."라는 소리만 들어도 짜증이 난다.

2. 아이의 기대치가 높을 때

이제는 초등학교에 입학한 엄연한 학생이다. 근데 정말 사소한 것까지 엄마보고 도와달라고 할 때는 화가 난다. 예를 들어, 선생님이 아침 시간에 읽을 책을 가방에 넣고 오라고 했다. 아이에게 잊지 말고 넣으라고 말했다. 잠자기 전 한 번 더 확인했다. 아이는 그제야 "엄마가 해줘." 이제는 스스로 할 나이 아닌가. 내 욕심인가.

3. 뭔가 집중하고 있을 때

급히 해야 할 서류가 있다. 오늘까지 끝마쳐야 한다. 아이는 계속 놀아달라고 한다. "엄마 이것만 하고 채린이랑 놀아줄게. 조금만 기다려." 아이는 기다려 주지 않는다. 위에서 올라타고, 컴퓨터를 가리고 "엄마 안아줘." "엄마 주스 줘." 등 온갖 방법을 동원해서 방해한다.

4. 말대꾸할 때

학교에 돌아와 숙제하라고 했다. 아이는 조금만 더 놀다가 한다고 했다. 한 시간 후 얼른 방에 들어가 숙제하라고 했다. "숙제를 왜 해야 하는데?" "선생님이 집에서 해오라고 하신 거니깐 해야지." "왜 그래야 하는데?" "아직 채린이가 모르는 게 많으니까 집에서도 해오라고 하시는 거야." "숙제 안 하면 어떻게 되는데?" "선생님과의 약속을 어겼으니 혼나겠지." "어떻게 혼나는데?" "그거야 엄마도 모르지. 숙제를 더 줄 수 있고, 아니면 남아서 숙제하라고 할 수 있지." "그래도 숙제 안 하면?" 아, 계속 대화를 하다가는 짜증이 날 것 같다.

5. 아이가 짜증 낼 때

온종일 징징거리는 아이를 볼 때 화가 난다. "엄마, 나 유튜브 한 번만 더 볼래. 앙앙." "나 밥 안 먹을래. 앙앙." "이거 사줘. 이거 사주란 말이야. 앙앙." 조금만 자기 뜻대로 안 되면 우는 아이를 볼 때 순간 욱한다.

6. 내 말을 안 들을 때

"채린아, 이거 만지지 마! 위험해."

"응."

"앗! 뜨거워."

볶음밥을 하다가 전화가 와서 가지러 간 사이 아이는 엄마처럼 요리하려고 만졌나 보다. 팔에 화상을 입었다. 놀래서 차가운 물로 씻기는데, 화가 났다. "엄마가 하지 말랬지. 다쳤잖아." 아이가 말을 안 듣는 것도 화났지만, 위험한 상황 속에서 자리를 비웠던 나 자신에게 더 화가 났다.

아이의 짜증 리스트

1. 하기 싫은데 하라고 시킬 때

"채린아, 이제 숙제해."

아, 숙제하기 싫다. 지금 한창 재미있게 놀고 있는데. 아까도 조금 더 놀다가 하겠다고 했는데, 안 한다고 하면 엄마가 화를 내겠지. 짜증이 난다.

"나 하기 싫어."

2. '너'라고 부를 때

"너 아까 엄마랑 약속했잖아, 왜 또 약속 안 지켜?"

너? 엄마가 나보고 너라고 했다. 난 너라는 소리가 싫다. 세상에서 나를 가장 사랑하는 엄마가 어떻게 나에게 너라고 말할 수 있지? 난 채린인데

"너라고 하지 마."

3. 엄마가 안 놀아 줄 때

아, 심심하다. 클레이 놀이도 지겹고, 인형 놀이도 지겹고, 엄마랑 놀고 싶다. 엄마에게 비행기나 태워 주라고 할까?

"엄마, 나 놀아줘."

"엄마 지금 이거 해야 해. 조금 있다 놀자."

"조금 있다 언제? 엄마 조금 있다 말하고 나중에 밥 차릴 거라고 할거잖아."

"얘가 왜 이래? 조금만 기다려."

아 나보다 일이 우선이라니 항상 난 뒷전이야 짜증 나.

4. 과자 먹고 싶을 때

달콤하고 입에서 사르르 녹는 그 맛. 엄마 따라 마트 와서 과자는 샀는데, 아 지금 먹고 싶어. "엄마 나 지금 과자 먹으면 안 돼?" "안돼, 아까 과자 사기 전에 밥 먹고 먹기로 약속했지?" 아, 짜증나. 난 지금 먹고 싶단 말이야 "싫어. 나 지금 먹을래. 앙."

5. 핸드폰 갖고 싶을 때

학교에 들어가니, 친구들이 핸드폰이 있다. 나랑 친구 두 명 빼고 다 있다. 핸드폰 사면 내가 좋아하는 유튜브도 실컷 볼 수 있을 텐데. 엄마한테 사달라고 졸랐다. 엄마는 3학년 되면 사준다고 한다. 그때까지 못 참아. 엄마한테 징징대서 사달라고 해볼까. 왜 우리 엄마는 다른 엄마들처럼 사주지 않는 거야. 짜증 나.

6. 명령조로 말할 때

"채린아, 방이 이게 뭐야? 얼른 치워." 한창 재미있게 놀고 있는데 엄마는 왜 잔소리를 하는 거야 조금 있다가 치워야지. 잠시 후, "아직도 안 치웠어? 뭐 하는 거야? 엄마가 치우랬지?" 이제 막 치우려고 했는데 엄마의 잔소리 때문에 짜증 나. 하기 싫어.

리스트를 작성해 보니, 내가 왜 화가 나는지 한눈에 보였다. 또 아이가 왜 그렇게 짜증을 냈는지 조금은 이해할 수 있었다. 이 상황들만 피하면 화를 줄일 수 있다고 생각했다.

엄마의 화 리스트 처방전

1. 아프거나 피곤할 때

먼저 내가 아프지 않아야 한다. 누가 아파지고 싶어서 아프겠냐만은 예방은 할 수 있다고 생각한다. 먼저 식습관을 바꿨다. 난 커피를 좋아한다. 하지만 나이가 들수록 카페인이 몸에 잘 안 맞았다. 오후에 커피를 마시면 자정이 넘어도 각성 상태가 쭉 이어져 잠을 설쳤다. 그럼 다음 날은 정상적인 생활을 할 수 없을 정도로 컨디션이 안 좋았다. 아이는 절대 엄마의 컨디션을 고려해 주지 않는다. 그래서 난 커피를 끊었다. 완전히 끊은 건 아니고 디카페인 커피를 마시기로 했다. 디카페인 커피를 파는 커피전문점이 별로 없어서 저절로 커피 마시는 횟수를 줄였다. 가급적 아이와 함께 자거나 취침 시간을 11시 전으로 해서 체력을 비축했다. 그리고 운동을 시작했다. 일주일에 세 번 이상은 1시간 정도 걸었고, 1~2번은 꼭 산에 올라갔다. 산에 올라가니 한 주 동안의 쌓인 스트레스도 풀고 기분이 산뜻해져서 좋았다. 그 좋은 기운은 당연히 아이에게도 좋은 말투와 행동으로 영향을 끼쳤다.

2. 아이의 기대치가 높을 때

이 부분은 내 마인드를 조금 바꿔 보려고 노력했다. 미흡한 부분이 있으면 격려해주고 다독여주면 된다고 생각했다. 솔직히 나도 엄마인지라 우리 아이가 인지적인 면에서 월등했으면 하는 마음이 있다. 그런 마음이 있다고 내 아이가 하루아침에 천재가 되는 것도 아니고, 쓸데없는 욕심이라 생각했다. 그럴 생각 할 시간에 조금이라도 성장할 수 있도록 도와줘야겠다는 생각을 했다. 아이는 스펀지와 같아서 엄마가 조금만 신경 써주면 바로 흡수한다.

아이는 받침 있는 글자는 곧장 읽었는데, 쓰기가 조금 모자랐다. 방학 하는 동안에 매일 일기 쓰기를 하면서 같이 옆에서 틀린 글자는 잡아주고 띄어쓰기도 도와주었다. 그랬더니 아이가 눈에 띄게 쓰기 능력이 향상되었다. 조금씩 성장하는 아이를 보니 나의 기대치가 중요하지 않다는 것을 느꼈다.

3. 뭔가 집중하고 있을 때

나는 두 가지 일을 한 번에 하지 못한다. 하나의 일을 완성하고 그다음 일을 해야 한다. 급하게 해야 할 일이 있는데 아이가 놀아달라고 할 때는 엄마가 왜 이 일을 지금 해야 하는지 이야기해 주고 가끔 미디어의 힘을 빌렸다. 아이가 계속 놀아 달라고 떼를 쓸 때는 하던 일을 잠시 멈추고 5분의 시간을 주고 5분 동안만 놀이하였다. 아이가 너무 재미있어 5분이 지나고 다시 놀이해달라고 하면 2분의 시간을 더 주고 마지막이라고 이야기해 주었다. 아이는 약속을 잘 지켜주었다.

4. 말대꾸할 때

말대꾸할 때는 내가 느끼고 있는 감정에 대해 솔직히 말해주었다. "채린이가 그렇게 말하니깐 엄마는 힘들어. 그렇게 계속 말하면 엄마는 화가 나서 대화를 지금 할 수 없을 것 같아." 허심탄회하게 이야기하니 아이도 왜 그렇게 말하는지 이유를 알게 되었고, 서로를 조금은 이해할 수 있었다.

5. 아이가 짜증 낼 때

아이가 짜증을 낼 때는 이렇게 말했다 "채린아, 짜증 내지 말고 말해주면 안 될까? 엄마는 채린이가 짜증 내는 말투로 말하면 이야기 듣기 전부터 화가 나."라고 말하며 아이가 또박또박 말할 수 있도록 격려했다. 솔직히 지금도 잘 안 되는 부분이긴 하지만 시간이 지나면 나아지겠지. 수도승마음으로 해탈하기로 했다.

6. 내 말 안 들을 때

최대한 아이가 다치거나 혹은 내가 화가 날 상황을 만들지 않도록 노력했다. 공복일 때는 뭐라도 조금 먹고 아이랑 이야기했다. 또한 최대한 심부름을 시키지 않았다. 자기 할 일은 스스로 하기라는 슬로건을 내세워 내가 필요한 것은 내가 하고, 아이가 필요하거나 해야 할 일은 자기 스스로 하게끔 했다.

아이의 짜증 리스트 처방전

1. 하기 싫은데 하라고 시킬 때

나 역시도 어릴 때를 생각해 보면 엄마의 잔소리가 싫었다. 내가 알아서 할 건데 엄마가 먼저 선수 쳐서 말하면 하려고 했던 일도 하기 싫었던 기억이 있다. 아이도 똑같을 거라는 생각이 들었다. 그래서 가급적 청유형으로 말을 했다. "이거 정리해줄래?" "손 씻고 올까?" 등등 말투 하나 바꾸니 아이의 태도도 바뀌었다. 그리고 될 수 있으면 아이가 스스로 하도록 터치를 안 했다.

2. '너'라고 부를 때

학창 시절에 아이들이 나를 부를 때 성까지 부르면 왠지 기분이 안 좋았다. 이름을 불러줘야 뭔가 더 친근하고 나를 더 아껴준다는 느낌이 들었다. 아이도 같은 기분이었을 것 같다. 그래서 '너'나 성과 같이 이름을 부르지 않도록 노력했다.

3. 엄마가 안 놀아 줄 때

할 일이 끝난 후 다른 집안일을 안 하기로 했다. 아이와 먼저 놀아주고 조금 늦은 시간에 저녁을 먹더라도 약속을 지키려고 노력했다. 그게 여의치 않으면 아이에게 먼저 양해를 구하고 집안일을 먼저 하거나 같이 했다.

4. 과자 먹고 싶을 때

마트에 가기 전 먼저 약속했다. "저녁 먹고 과자를 먹는 거야. 만약 마트에 나서자마자 과자 먹고 싶은 마음에 징징할 거면 아예 사지 않는 거야." 아이는 사고 싶은 마음에 알았다고 했다. 어떨 땐 약속을 잘 지켰고, 어떨 때는 약속을 깨고 징징하기도 했었다. 그럴 때는 저녁 먹을 시간이 조금 여유가 있으면 먼저 과자를 먹였다. 아이랑 실랑이하기 싫었다. 그리고 나서 두 세시간 후 아이만 늦은 저녁밥을 차려 주었다.

5. 핸드폰 갖고 싶을 때

핸드폰 외 장난감은 살 수 있는 날을 정했다. 예를 들어 생일이거나 어린이날, 크리스마스 등 특별한 기념일이거나 엄마랑 약속한 날에만 살 수 있도록 했다. 장난감은 잘 넘겼지만, 핸드폰이 복병이었다. 초등학교에 들어가니 친구들 다 핸드폰이 있었다. 하지만 핸드폰만큼은 나도 타협할 수 없었다. 지금도 엄마 몰래 내 핸드폰을 호시탐탐 노리는데, 자기 핸드폰이 생기면 핸드폰에 빠질 게 뻔했다. 최대한 늦게 사주고 싶은 게 엄마 마음이었다. 아이에게 솔직히 말했다. 친구들은 엄마들이 일하러 가기 때문에 데리러 못 오는 상황이 있다. 그래서 안전을 위해서 핸드폰을 사주는 거다. 채린이는 엄마가 학교에 데려다주고 데려오기 때문에 아직 핸드폰이 필요 없다. 혹여나 엄마가 장시간 일하거나 채린이가 혼자 스스로 집에 올 수 있는 나이가 되면 그때 사주겠다. 아이는 수긍은 했지만, 그래도 핸드폰을 갖고 싶어서 떼를 썼다. 난 이렇게 말했다. "그럼 채린이 핸드폰 사주면 채린이 스스로 학원 가고 집에 와야 한다. 지금처럼 엄마랑 하교 후에 놀러 갈 수 없다. 네가 정해라. 뭘 선택할지." 그 이후부터는 핸드폰 사달라는 이야기를 안 한다. 언제까지 갈지는 모르겠지만 한시름을 놨다.

6. 명령조로 말할 때

나 역시 누가 나에게 명령하는 것을 싫어한다. 조직사회에서 상하 관계를 참으로 못 견뎌 하던 사람이었다. 명령조는 내가 너 위에 있으니 너를 마음대로 하겠다는 말이 깔려 있다. 아이도 마찬가지일 것이다. 그래서 최대한 "~해줄래? ~하면 좋을 것 같아."라고 말투를 신경 쓰면서 말했다. 갑

자기 마음이 격해질 때는 아예 아무 말도 안 하는 게 더 나을 수도 있다.

지금도 나는 화를 내고 있고, 아이도 짜증을 내지만 전보다는 훨씬 빈도가 줄었다. 상대방의 입장을 생각해 보니, 이해가 되었다. 아이가 짜증 낸다고 화낼 것이 아니라, 아이가 왜 짜증을 내는지 생각해 볼 시간이 필요한 것 같다.

아이를 키우는 건 장거리 마라톤과 같다. 앞으로 사춘기도 올 거고, 어른이 돼서 더 큰 고민거리나 충격을 줄 수도 있다. 처음부터 힘 빼지 말자. 지금은 충분히 아이와 관계를 수정할 수도 있고, 개선할 수도 있다. 이렇게 단단히 기초공사한다면 나중에는 편해지는 날이 올 거라 믿는다.

일관성 있는 육아가 힘든다면

아이들은 자기 뜻대로 안 되면 울음으로 표현한다. 아이가 울면 대다수 부모님은 당황스럽고 울음소리가 싫어서 얼른 그 상황을 수습하려고 한다. 아이가 원하는 것을 들어 줄때도 있고, 화를 내며 권위를 이용해 아이가 무서움에 떨며 울음을 그치기도 한다.

개인심리학 정신의학자 드라이커스는 아동이 좋은 방법으로 인정을 받을 수 없을 때 잘못된 행동을 취해서라도 성취를 하려고 한다고 말했다. 행동 중의 하나가 관심 끌기다. 자기 뜻대로 안되면 울음으로 표현하는 것이다. 먼저 울음으로 자기가 얻고자 하는 것을 얻으려고 하고 부모가 일관성 없게 행동을 보이면 점점 심해지다가 나중에는 무기력한 어린이로 성장한다고 말했다. 부모의 반응과 행동이 중요한 것이다. 그만큼 일관성 있

95

는 부모의 역할이 중요하다.

아이가 위험한 행동을 할 때, 하지 말라고 했는데 계속할 때, 부모님들은 많은 좌절을 느끼고 육아가 힘들다고 생각할 것이다. 나도 아이를 키우고, 보육교사 일을 하며 매 순간 느끼는 감정이라 얼마나 힘들지 안다.

예전에 다녔던 어린이집에서 소풍을 갔다 왔다. 4살 남자아이가 있는데 아직 언어가 안돼서 공격적 성향이 많은 아이가 있었다. 놀이공원에 놀러 가서 기차를 타고 나오는데 옆에 모래 놀이가 있었다. 그 순간 아이는 모래 놀이를 하고 싶다고 그쪽으로 가겠다고 떼를 쓰는 거였다. 점심을 먹으러 이동하는 길이어서 갈 수가 없는 상황이었다.

나는 "지운아, 모래 놀이하고 싶었구나. 하지만 지금은 친구들이랑 점심 먹으러 가야 해서 할 수가 없어. 점심 먹고 다시 와서 놀이하자."라고 얘기했다. 하지만 아이는 일부러 소리를 지르며 "아파." 말하며 드러누웠다. 담임선생님이 그 모습을 보고 주위 시선 때문에 "지운아 지금 우리는 점심 먹으러 가야 돼."라고 말하며 안고 가버리면서 그 자리가 종료되었다.

순간 아이가 자기 의사가 거부당했다는 생각을 하면서 좌절감을 느꼈을 거라는 생각이 들었다. 안기 전에 "선생님이 안고 다른 곳에 갈 수밖에 없어."라고 먼저 일러주고 안고 갔다면 아이는 순간 수긍을 하지 못 해도 거부당했다는 생각을 안 했을 수도 있다.

이런 순간은 육아하면서 많이 있을 거라고 생각한다. 그러면 일관성 있게 육아를 하려면 어떻게 해야 할까? 놀이 치료 방법 중에 제한 설정이 있다. 마리아 조르다노 외 2명 《놀이 치료 관계 형성을 위한 핸드북》에서는 아이에게 자아 통제력과 책임감을 가르치고, 일관성을 유지하기 위해 제한 설정을 한다고 한다. 제한 설정은 먼저 자녀 감정이나 욕망을 이해해야 한다. "네가 ○○을 하고 싶었구나." 그렇게 말한 후 제한 설정을 하는 것이다. 단호하고 명확하게 "하지만 ○○은 할 수 없어."라고 말한 후, 수용 가능한 대안을 제시한다.

예를 들어 화가 나서 장난감을 던지는 아동에게 먼저 "화가 많이 났구나."라고 감정을 인정해준다. 그리고 "하지만 장난감을 던지는 것은 위험한 행동이야."라고 제한을 해주고, "그 대신 공을 던질 수는 있어."라고 또 다른 대안을 이야기해 주는 것이다.

처음은 익숙하지 않아서 표현하는 게 힘들겠지만 계속 연습 하다 보면 일관성 있는 육아를 할 수 있다. 전문가 선생님들도 힘들어하는 부분이니 잘 못 한다고 포기하지 말고, 한번 실행에 옮겨보자.

넌 원래 '감동'이었어

아이는 내 속을 하루에도 몇 번씩 뒤집지만 나에게 커다란 감동을 주기도 한다. 태어났을 때 작은 생명이 꿈틀거리며 내 품 안에 안겼을 때, 계속 누워 있을 것만 같았던 아기가 목을 가누고, 뒤집기를 하고, 기어 다니고, 짚고 일어났을 때, 나에게 처음 "엄마."라고 말해 주던 날, 떠먹여 주어야만 밥 먹었던 아이가 스스로 숟가락을 쥐어서 먹고 이제는 상 차리거나 치울 때 도와주기도 한다. 종이에 비비 작작 그리던 그림이 어느새 사람 형태를 보이고, 이제는 제법 그림을 그리는 아이, 자기 이름도 못 쓰던 아이가 이제는 읽고 자기 생각을 쓴다.

아이의 모든 행동, 몸짓이 나에게는 감동으로 왔었다. 엄마의 손길 없이는 살 수 없던 아기가 이제는 엄마의 울타리를 벗어나 조금씩 커 가는 과정을 보며 생명의 위대함을 느끼기도 하고, 새삼 놀랍기도 하다. 아이가 커 가면서 생각 주머니도 조금씩 커졌다. 자기만 알던 아이가 다른 사람의 마음마저 생각하며 진심으로 위로해 줄 때. 난 감동을 한다.

아이가 6살 때, 내 생일이었다. 조촐하게 저녁밥을 먹고 케이크에 초를 켜고 생일 축하하는 자리를 가졌다. 그리고 그날 밤 아이는 나에게 물었다.

"엄마, 아빠 생일은 언제야?"

"아빠 생일은 5.17일이야."

"그럼 생일이 지난 거야?"

"응."

갑자기 채린이가 울었다. 당황스러웠다. 또 아빠가 보고 싶어서 우나 그런 생각이 들었다.

"채린아, 왜 우는 거야?"

"아빠가 불쌍해."

"왜?"

"아빠는 쓸쓸하게 혼자 생일을 맞이하잖아. 엄마는 내가 있고, 내 생일에는 엄마도 있고 할아버지도 있고 할머니도 있는데 아빠는 혼자잖아. 아빠가 불쌍해."

아이는 엉엉 울었다. 말로는 표현 안 했지만, 항상 아빠를 생각했다. 아빠를 그리워하는 마음과 같이 있을 수 없는 현실이 어린아이에게는 그 울음이 한처럼 느껴졌다.

무뎠다고 생각했던 내 마음이 와르르 무너져버렸다. 아이를 두고 매정하게 돌아섰던 그 남자가 그날 미치도록 미웠다. 이렇게 순수하고 귀여운 채린이에게 왜 이런 시련을 주시나요? 잘못한 건 엄마, 아빤데 왜 아이가 아파해야 하나요? 신께 외치고 싶었다. 그리고 한편으로는 아빠 보고 싶다고 울었던 아이가 이제는 아빠 마음마저 생각하는 아이로 커서 대견하기도 했다.

"채린아, 아빠는 외롭지 않아. 아빠도 아빠, 엄마가 있고, 여동생도 있단다. 그리고 아빠는 사람을 좋아해서 친구가 엄청 많아. 채린이가 생각하는 것처럼 혼자 지내지 않을 거야."

"정말?"

"응, 아빠도 채린이처럼 마음속으로 채린이를 그리워하고 있어. 항상 채린이를 생각할 거야. 지금은 아빠가 채린이를 보러 오지 못하는 사정이 있지만, 나중에는 꼭 채린이를 보러 와 줄 거야. 그때까지 채린이 씩씩하게 기다릴 수 있지?"

"응, 엄마. 우니깐 마음이 괜찮아졌어. 나 이제 잘래."

아이가 아직 어려서 사실대로 다 말해줄 수가 없었다. 자는 아이를 보는데 눈물이 났다. 멈출 수가 없었다. '어떻게 이런 천사가 내 배에서 나왔을까? 하느님, 부처님 감사합니다. 저에게 이런 소중한 아이를 주셔서 정말 감사합니다.'라고 속으로 외쳤다.

육아하면서 많은 엄마가 고통을 받는다. 아이는 나의 밑바닥까지 보일 정도로 선을 넘기도 한다. 하지만 아이는 우리에게 많은 감정을 주기도 한다. 미안함, 죄책감, 행복함, 쓸쓸함 등등 난 그 많은 감정 중에서 아이가 내게 준 감동을 잊지 못한다. 아이가 준 감동으로 세상이 따뜻해 보인다. 그리고 지금 내 옆에 있는 것에 대해 감사함을 느낀다. 오늘도 아무 일 없이 건강하게 커 가는 아이에게 고맙다. 네가 있어 엄마는 세상이 참 좋다.

아이의 키높이 보다는 눈높이를 보자

요즘 엄마들은 아이 키의 집착을 많이 한다. 우리 세대와는 달리 영양과 발육이 좋아지면서 키 큰 아이들이 많다. 그래서 우리 아이 키를 보고 있으면 조바심이 난다. 혹여 키가 작으면 친구들이 얕잡아 보지 않을까? 우려감에 키 크기 욕심을 더 부리는 것 같다. 키는 크지만, 아기처럼 징징대며 자주 우는 아이도 있고, 행동이 야무지지 못한 아이도 있다. 반대로 키는 작지만, 친구를 도울 줄 알고 똑똑하고 야무진 내면이 꽉 찬 아이도 있다. 물론 외적인 부분도 중요하지만, 아이의 내적인 마음도 잘 보고 있는지 생각해봐야 한다.

육아서를 읽다 보면 아이의 눈높이에서 이야기하라는 말을 많이 한다. 근데 육아를 하다 보면 그렇게 말하기가 쉽지 않다. 나 같은 경우도 부정적인 말을 하면 안 된다고 알고 있다. 하지만 아이가 실내에서 뛰고 있으면 "실내에서는 걸어 다녀야 해요."라고 말을 하다가도 아이가 말을 안 들으면 "뛰어다니면 안 돼."라고 소리 지르는 경우도 많다. 이렇게 이론과 현실에서 힘들어하던 중 딸이 다니는 어린이집 선생님에게 크게 배운 사건이 있었다.

딸이 여섯 살 때, 사촌 동생이 엘리베이터에서 다치는 것을 보고 트라우마가 생겨 엘리베이터 타는 것을 거부한 사건이 있었다. 안전하다 몇 번 말해도 안 타겠다고 해서 7층 계단을 오르락내리락하며 다녔다. 처음에는 나도 계단으로 잘 다녔지만 무거운 짐이 있거나 힘든 날에는 짜증내거나 화를 냈다. 엄마랑 같이 있는데 뭐가 그렇게 무서울까? 아이를 이해하지 못했다.

어느 날, 어린이집 차량 올 시간이 되어서 내려가려는데 선생님이 딸과 같이 계단으로 올라오고 있었다. 딸이 또 엘리베이터 안 타서 선생님이 올라왔다고 생각하니 너무 미안했다.

"선생님, 제가 내려가도 되는데 일부러 올라오셨어요? 채린이가 엘리베이터 안 타서 계단으로 올라오시고, 미안해요."

"아니에요. 오늘 빠진 아이들이 많아서 차가 일찍 도착했어요. 괜찮으니 신경 쓰지 마세요."

"선생님, 힘드실 텐데 엘리베이터 타고 내려가세요."

라고 말하니 딸이 가만히 보고 있다가 한마디 한다.

"엄마! 선생님도 나처럼 엘리베이터가 무섭대."

선생님은 웃으며 인사를 하고 계단으로 내려갔다. 집에 와서 딸에게 자세히 물어보니 자기가 엘리베이터 안 타려고 하니 선생님도 어른인데 아직도 엘리베이터 타는 것이 무섭다고 "괜찮아."라고 말해줬다는 것이었다. 그 순간 얼굴이 빨개지고 어찌나 고마웠던지, 엄마도 못 하는 눈높이 교육을 선생님이 하고 있었다. 나도 그 후 딸의 마음을 있는 그대로 받아들이고 기다려 주니 어느 순간 엘리베이터를 잘 타고 다녔다.

　선생님은 그날 아이에게 용기를 주셨다. '나보다 큰 어른도 엘리베이터를 무서워하는 구나. 난 아직 어리니깐 엘리베이터를 무서워하는 게 당연해.' 자기가 이상하지 않다는 것을 안 아이는 조금씩 엘리베이터 타는 것을 극복하려고 했다. 선생님은 계단으로 내려가면서 끝까지 아이의 입장을 생각해주었다.

　아이 교육은 이론이 아니라 마음에서 우러나오는 것이었다. 정말 내 아이를 생각하는 마음, 내 아이는 어떤 마음일까? 헤아리는 마음. 그게 중요한 것이었다. 아이들 눈높이 대화, 쉽지는 않겠지만 오늘부터 마음을 다시 잡고 차근차근 시작해 보는 건 어떨까.

육아는 존버다

존버는 '존나게 버틴다'의 줄임말이다. 10~20대 사이에서 흔히 쓰이는 말이다. 근데 이 존버라는 말이 내가 육아를 하면서 크게 와 닿는 단어다. 이것 말고는 설명할 단어가 없을 정도로 '육아는 존버다'를 가슴 깊이 새기며 육아하고 있다.

어린이집 교사 일을 하면 정말 다양한 아이들을 만난다. 그중에 세 명의 남자아이가 기억에 남는다. 나를 제일 힘들게 했던 아이들이다.

훈이는 내가 네 살 반을 맡았을 때, 우리 반 아이였다. 2학기가 되어도 대소변을 못 가렸고, 말도 제대로 하지 못했다. 또래보다 발달이 늦어서 그런지 훈이는 참 짜증이 많았던 아이였다. 조금만 자기 뜻대로 안 되면 다른 아이를 밀치고, 친구가 놀고 있는 장난감을 보면 바로 빼앗았다.

"훈아, 친구 놀고 있는데 훈이가 뺏으면 친구가 기분이 나빠져. 하고 싶으면 나 빌려줄래? 물어볼까?"

그렇게 말하면 멀뚱멀뚱 나를 바라보다가 휙 가버렸다. 밥은 자기가 좋아하는 반찬이 없으면 떼를 쓰고 다른 반찬 달라고 목이 터지라 울었다. 아무리 말로 설명을 해줘도 막무가내였다. 야외 체험이 있는 날에는 1:1 전담이 필요할 정도로 이리저리 돌아다녀서 선생님 혼을 뺐다. 고집이 있어서 자기 뜻대로 안 되면 울어서 계속 안고 어르고 달래야 했다. 엄마조차도 스트레스를 많이 받아서 그런지 부모 상담을 하면 하소연을 많이 하고는 했다. 그리고 참 지쳐 보였다. 나 역시 스트레스로 역류성 식도염약을 먹어야 했다.

또 다른 친구는 내가 휴게 선생님으로 일할 때였다. 그 친구도 네 살이었는데 정말 그 교실에 들어가기도 전에 귀를 막아야 했다. 그 친구도 자기 뜻대로 안 되면 울음으로 표현하던 아이였다. 어찌나 울음소리가 큰지 어린이집에 그 친구 우는 소리가 다 들릴 정도였다. 다른 선생님들도 그 친구가 울면 "또 윤상이가 우는구나. 하도 많이 들어서 걔 울음소리는 단번에 알겠다." 할 정도였다. 공격적인 성향도 있어서 친구를 때리기도 했다. 친구들과 같이 모여 활동을 할 때도 윤상이가 너무 울어서 활동할 수가 없을 정도였다.

세 번째 친구는 요즘 내가 들어가고 있는 다섯 살 반 아이다. 이 친구는 무조건 아이들을 때린다. 화가 나서 때릴 때도 있고, 어떨 때는 아무 이유 없이 때린다. 어느 날, 그 친구 반 여자아이 아빠가 담임선생님께 연락이

왔다. 딸아이 머리를 빗겨주려고 하는데 아이가 움찔해서 놀랐단다. 왜 그러냐고 물으니 "준혁이가 계속 나를 때려요."라고 말했다고 집에서 금지옥엽 키우는 딸인데 너무 화가 난다고 전화를 하셨다고 한다. 선생님은 그 일로 스트레스를 받아서 그런지 더 호되게 준혁이를 혼냈다. 하지만 준혁이는 달라지지 않았다. 친구들이 한 작품을 찢어버리기도 하고, "너희 엄마 죽이겠어."라는 말을 서슴없이 하는 아이다.

처음 내가 맡았던 훈이는 끝까지 내 속을 썩이고 다섯 살이 되었다. 난 개인적인 일과 업무 스트레스가 심해서 그다음 해 일을 관뒀다. 반년이 지나고 원장님이 다시 어린이집으로 돌아오라고 했지만, 더 쉬고 싶었다. 원장님이 그러면 잠깐 4시간만 휴게 선생님을 해줄 수 없냐고 부탁했다. 4시간은 크게 스트레스받지 않고 업무에 대한 책임감도 없을 것 같아서 가벼운 마음으로 흔쾌히 응했고 출근을 했다. 그리고 훈이를 만났다.

훈이는 몰라보게 달라져 있었다. 어린이집에 오자마자 가방을 정리하고, 책을 읽고 있었다. 훈이에게 다가가 무슨 책을 읽고 있냐고 물으니 말을 잘 못 하던 훈이는 유창하게 자기가 읽고 있는 책에 관해서 설명했다. 그리고 놀이를 한 후 점심시간이 되었는데, 질서를 지키며 바르게 앉아서 반찬 투정 없이 밥을 다 먹었다. 이제는 친구의 장난감을 빼앗지 않았고, 친구에게 "너하고 나 빌려줘."라고 말한 후 다른 영역에 가서 놀이하였다. 정말 내가 알던 훈이가 맞나? 나는 놀람의 연속이었다. 그리고 담임 선생님께 물어보았더니 1학기 때는 울고 난리가 나던 훈이가 2학기가 되더니 완전히 달라졌다고 말하였다.

윤상이도 마찬가지였다. 다섯 살 2학기가 되더니 울며 짜증 내고 말썽꾸러기 남자아이에게서 귀여운 아이로 성장했다. 이제는 울음으로 자기 의사를 표현하지 않고 말로 하고, 가끔 공격적인 행동을 보여도 주의를 주면 "네, 알겠습니다."라고 말하며 하지 않으려고 노력한다. 밥도 스스로 잘 먹고 선생님이 심부름을 시키면 척척 잘 도와주기도 하고, 남자아이들에게 인기가 좋아 항상 주위에는 친구가 넘쳐난다.

훈이와 윤상이는 자기의 속도대로 성장하고 있었다. 평균보다 못 미친다고, 별난 아이라고 생각했던 아이들이 고군분투 자기 안에서 싸우며 사람들 관계 속에서 배웠고 자신만의 방법으로 조금씩 크고 있었다.

준혁이는 원래 그런 아이는 아니었다. 네 살 때, 내 상처를 보면 "선생님, 많이 아팠어요? 제가 호 해줄게요. 엄마가 호 해주면 안 아프대요."라고 참, 말을 예쁘게 하던 아이였다. 다섯 살이 되고 준혁이 부모님은 이혼하게 되셨다. 엄마는 아이를 키우고 싶었지만, 아직 어리고 경제적 능력이 되지 않아 아이를 두고 서울로 올라가셨다. 아빠는 바쁜 직업이어서 일하느라 아이에게 신경을 쓸 수 없었다. 그래서 할머니가 보고 있었다. 준혁이는 혼란스러운 상황에서 말로는 표현 못 하고 행동으로 보여준 것이다. 지금 모든 상황이 싫고, 행복하게 부모님들과 사는 친구들이 미워서 때리기도 하고, "너희 엄마 죽이겠어."라는 말로 자기의 감정을 표출한 것이었다. 어른도 이혼의 상처를 견디기가 힘든데, 어린아이들은 오죽할까? 준혁이가 안쓰러웠다. 준혁이는 지금 자기를 믿어주고 자기 마음을 알아주는 단 한 사람의 존재가 필요한 것이다.

"괜찮아. 네가 그렇게 행동하는 데에는 이유가 있어, 난 널 믿어 우리 같이 헤쳐나가자, 내가 너의 마음을 보듬어 줄게."라고 말해주는 사람이 있다면 준혁이의 삐뚤어진 행동은 서서히 달라질 거라 믿는다.

그만큼 존버 하면서 아이를 봐주고 양육하는 건 쉬운 일이 아니다. 특히나 예민한 기질이거나 공격적 성향이 타고난 아이들은 더더욱 힘들다. 하지만 엄마가 조금만 더 아이를 생각해주고, 온전히 그 아이를 믿어준다면 분명 달라지리라 생각한다.

연인과 헤어진 직후 그 아픔을 어떻게 잊냐고 물으면 사람들은 시간이 해결해 준다고 말한다. 그 당시에 그 말만큼 듣기 싫은 말도 없다. 시간이 지나면 언제 그랬냐는 듯이 상처는 아문다. 육아도 마찬가지다. 아이를 기다려주고 마음을 읽어주고 인내하다 보면 분명 다시 사랑스러웠던 아이로 성장할 것이다.

제4장

애쓰지 않고, 쉽게 하는 감정조절육아법

불안과 두려움을 없애라

사회가 각박해지면서 불안장애를 겪는 분들이 많은 것 같다. 연예인들 사이에서 공황장애는 흔한 이야기가 되었다. 공황장애 때문에 활동을 못 하거나 만성 우울증으로 번져 목숨까지 끊는 기사도 많이 보게 된다.

사실 나도 불안장애를 겪고 있는 사람이다. 어릴 때부터 조그마한 일에도 겁이 많았고, 불안했던 것 같다. 워낙 집이 가난했었고, 딸이 많은 집에서 살다 보니 버림받지 않을까? 불안이 있었던 것 같다.

그런 불안들이 조금씩 쌓이다 어른이 되고 결정적 사건이 터지자 폭발했다. 그건 이혼이었다. 그전까지는 어떻게 보면 순탄한 삶을 살았던 것 같다. 크게 스트레스받는 일도 없었고, 너무 단조로워서 지루하기까지 했던 삶이었다. 돌이 안 된 아이를 고군분투 키우고 있는데, 남편이 이혼을 요구했다. 마른하늘에다 날벼락이었다. 아직 육아도 버거운 나에게 이혼까지 와서 그 힘듦을 견딜 수 없었다. 하지만 살아야 했다. 살려면 일을 해야만 했고, 내가 할 수 있는 일부터 찾았다. 처음 시작하는 일과 육아를 병행하며 힘든 내 마음을 애써 외면했었다.

'엄마가 되려면 강해져야 해. 나약하게 굴지 마.' 꾹꾹 참고 스트레스를 받아도 풀 수 있는 시간과 여유가 없었다. 그렇게 보낸 시간이 몸으로 왔다. 만성 역류성 식도염에 원형탈모, 불안장애까지. 그때부터 두려웠던 것 같다. 혹시나 내가 스트레스로 큰 병에 걸려 투병 생활을 하게 된다면, 혹시나 내가 이 세상에 살아갈 수 없다면 금쪽같은 내 아이는 어떻게 되지? 아빠가 없는 것도 서러운데 엄마까지 없으면 내 아이는 어떻게 세상을 살아가지? 그런 생각들이 나를 더 힘들게 했다. 몸에 좋다는 것을 챙겨 먹고, 주말마다 산에 가고 운동을 해도 불안은 계속되었다. 몸이 조금만 불편해도 검사를 했고, 검사 결과가 정상이어도 몇 주만 지나면 다시 불안했다.

유튜브를 보다가 내 또래 암 환자를 보면 남 일 같지 않았고, 저렇게 되면 어떻게 되지? 생각은 꼬리에 꼬리를 물어 극단적 생각까지 하게 되었다. 심장이 두근거렸다. 불안했을 때만 두근거렸던 심장이 시도 때도 없이 두근거렸다. 부정적 생각이 들 때마다 긍정적 사고를 해보자 해도 할 수가 없었다. 내가 나를 통제하지 못하게 되자 머리통을 깨부수고 싶은 충동까지 들게 되었다.

그 불안은 당연히 아이에게까지 영향을 미쳤다. 불안이 커질 때마다 화내는 상황도 많아졌다. 숨이 턱턱 막혀 꼭 공황장애가 올 것 같았다. 난 점점 예민해졌고, 아이에게 화를 냈다. 영문을 모르는 아이는 울기도 하고 겁을 먹었다. 차마 아이에게 마음의 병이 있다는 이야기를 꺼내지 못했다. 내 불안이 아이에게 전가 될까 봐 또 불안했다.

병원에 가고 싶었지만, 엄두가 안 났다. 한번 병원에 가기 시작하면 약에 의지하게 될까봐 겁이 나기도 했었고, 심리치료를 병행하면 만만치 않은 비용도 부담이 되었다. 그래서 혼자 극복하려고 노력했다. 일단 불안장애 관련된 책을 읽었다. 나와 같은 사람들은 어떻게 극복했는지 알고 싶었다. 책을 읽으면서 나만 힘든 게 아니구나. 저 사람도 저렇게 힘든 상황이 있었다는 생각이 들면서 위안이 됐다.

정말 불안이 극도로 올 때는 108배를 하거나 몸을 움직였다. 기도하고 절을 할 때마다 뭔가 마음이 정화되는 느낌이었다. 밖에 나가서 무작정 걷기도 하고, 집 안 청소하기도 했다. 몸이 힘들고 지치니 잡생각이 나지 않았다. 또한 유치하기는 하지만 정말 효과가 있는 방법이 있다. 숨을 크게 들이쉬고를 몇 번 한 후 나를 안아주며 말했다.

"윤정아, 난 너를 사랑해, 넌 건강한 사람이야, 너에게는 아무 일도 일어나지 않아. 네 삶은 점점 더 좋아질 거야."

정말 이렇게 말하면 방금까지 요동쳤던 감정이 조금은 잦아들었다. 나를 불안하게 했던 기사나 유튜브를 끊었다. 지나친 정보는 도움을 주는 것이 아니고, 불안을 더 부채질했다. 관심이 있는 분야나 마음공부를 할 수 있는 정보를 보려고 애썼다.

지금도 불안장애를 극복한 것은 아니다. 하지만 나를 위해 끊임없이 노력하고 있다. 불안이 심해지면 병원에 가 볼 생각이다. 감기약을 먹는 것처럼 마음의 병이 더는 커지지 않도록 하는 게 중요하다는 것을 알았다. 아이가 조금 더 크면 내 병에 관해서 이야기해 주려고 한다. 감기처럼 누구나 찾아올 수 있고, 엄마는 극복하는 중이라고 엄마가 과도하게 예민해질 때는 이해해 주라고 이야기하고 싶다.

나처럼 병적인 불안이 아니더라도 엄마라면 누구나 불안을 안고 있다. 말을 잘 못 하는 아이를 둔 엄마라면 내가 육아를 잘못하고 있는 건가? 혹시 내 아이가 언어적으로 문제가 있는 게 아닌가 하는 불안을 느끼기도 하고, 문제 행동을 보이는 아이를 둔 엄마라면 아이가 품행장애에서 더 나아가 반사회성 성격장애까지 번져서 사회생활을 못 하는 게 아닌가 하는 불안을 하고 있을지도 모른다. 불안은 당연한 거고, 불안을 대하는 태도가 중요하다. 혼자 힘으로 안 될 때는 전문가를 찾아가 보자. 불안을 갓난아기 대하듯 살살 달래서 앞으로 더 나아갈 수 있는 촉매제로 활용해보자.

엄마를 힘들게 하는 스트레스 상황을 피해라

우리는 같은 상황이라도 스트레스에 따라 반응이 달라진다. 기분이 좋으면 한없이 부드러워지고, 기분이 안 좋으면 조그마한 일이여도 곤두선다.

내가 일곱 살 때였다. 유치원에 다녀온 나는 그날따라 배가 아팠다. 엄마가 서랍장에 놓은 오백 원을 들고, 떡볶이를 먹으러 갔다. 속도 안 좋은데 떡볶이를 먹어서일까? 집으로 돌아오는 길에 그만 팬티에 똥을 싸버리고 말았다. 엄마, 아빠는 일하러 간 사이여서 나 혼자 어떻게 할 수 없었다. 나는 그냥 그 상태로 집에 가만히 있었다. 엄마가 돌아왔다. '분명 나한테 화를 내겠지.' 무서움에 떨었다.

"엄마, 나 팬티에 똥 쌌어."

"그랬어? 괜찮아, 똥 치우면 돼지. 옷 벗자."

뭐지? 평소의 엄마라면 "몇 살인데 팬티에 똥이야?"라고 소리를 지를 게 뻔했다. 하지만 엄마는 내 문제는 아무것도 아니라는 표정으로 활짝 웃으며 돈뭉치를 들고 아빠랑 이야기하고 있었다.

"오늘 장사가 아주 잘됐네. 여보, 오늘 100만 원 팔았어."

'엄마가 오늘 기분이 좋구나. 다행이다.' 속으로 안심을 했던 기억이 있다.

나 역시 친정엄마처럼 아이에게 기분에 따라 행동을 달리 했던 적이 있다. 기분이 좋은 날에는 아이가 아무리 생떼를 부려도 그 울음소리가 노랫소리처럼 들린다. 그때는 육아서의 나오는 기법을 다 할 수 있을 것 같다. "채린이가 기분이 안 좋았구나. 채린이 엄마랑 놀까? 엄마랑 베개 싸움할까?" 아이의 기분을 풀어 주려고 노력한다.

기분이 안 좋은 날에는 조그만 실수에도 화가 먼저 난다. "엄마 지금 기분 안 좋다고 말했지? 지금 기분으로는 채린이 기분까지 받아 줄 수가 없어. 좀 조용히 있어 주면 안 돼?" 지킬 앤드 하이드처럼 두 얼굴의 엄마다.

스트레스는 우리 삶의 떼려야 뗄 수 없는 관계다. 하지만 스트레스 상황을 최대한 피할 수는 있다고 본다.

나는 언젠가부터 사람들을 만나는 것 자체가 스트레스가 되었다. 내 마음이 꼬였는지 모르겠지만 사람들의 대수롭지 않은 말 한마디도 뭔가 비수가 되는 것 같았다. 친구의 거슬렸던 말이나 행동도 예전에는 그냥 넘길 수 있었다. 요즘은 내 처지가 힘들어서인지 집에 돌아오는 날에는 뭔가 모를 씁쓸함, 착잡함이 나를 힘들게 했다. 그래서 당분간은 육아에만 전념하기로 했다. 만나면 즐거운 사람만 만났다. 친구들도 자주가 아닌 가끔 보는 게 더 좋았다.

엄마들 커뮤니티, 지인 SNS도 끊었다. 예전에는 아무것도 몰라서 정보를 알려고 들락날락했었다. 엄마들 사는 얘기, 교육 얘기, 시댁 얘기를 보는 것도 쏠쏠한 재미였다. 하지만 어느 순간 시시콜콜한 이야기를 보고 있는 시간이 시간 낭비하는 것 같았다. 남편 연봉은 얼마네, 집은 몇 평이네 이런 이야기가 불편함으로 다가왔다. 계속되는 뻔한 시댁 이야기는 점점 질렸고, 지나친 사교육 이야기는 나를 더 불안하게 만들어 어느 순간 스트레스로 다가왔다.

직장에서도 스트레스가 많았다. 할 말을 못 하는 성격이었다. 어느 날 원장님이 말했다.

"윤정 선생님은 편해. 뭘 시키면 미안하지가 않더라고."

그 말은 나를 호구로 보는 거였다. '내가 만만해서 그랬구나.' 화가 났다. 하지만 아무 말도 하지 못 했다.

스트레스가 몸으로 오자, 지금은 할 말은 하고 살아야겠다고 생각한다. 부당하거나 불만이 있을 때는 최대한 이성적으로 생각을 하고 감정을 가라앉힌 뒤 말한다. 아니면 장난식으로 맞받아치며 뼈있는 멘트를 날린다. 그랬더니 조금은 나았다. 내가 이 말을 했을 때 사이가 껄끄러워지는 게 아닌가 하는 생각을 했었는데, 생각보다는 상대방이 유연하게 받아 주었다. 그리고 더는 전처럼 깔보지 않았다.

하지만 일에서 스트레스를 안 받을 수는 없는 법이다. 일에서 스트레스를 받으면 아이를 맡기고 드라이브를 하러 갔다. 어떤 날은 차 안에서 펑펑 울기도 하고 음악을 크게 틀어 놓고 노래를 부르기도 했다. 풍경이 예쁜 곳에 차를 정차하고 무조건 걸었다. 걷다 보면 '내가 왜 스트레스받았지.' '너에게 중요하지 않은 사람들에게 집중할 필요가 없어. 그냥 무시해 버려.' '괜찮아, 너 때문이 아니야.'라고 나를 위로하며 자가 치유를 하였다. 그러면 뭔가 마음이 편해졌다. 집으로 돌아오면 아이에게 더 집중할 수 있었다.

엄마들은 돈에 대한 스트레스도 많다. 벌이는 한정적인데 나가는 돈은 많다. 아이가 크면 돈 들어갈 일이 많을 텐데 지금은 못 하는 형편이라 불안감도 있다. 나 역시 사고는 싶은데 돈의 압박 때문에 못살 때, 이렇게까지 살아야 하나라는 생각으로 스트레스를 받았다. 하지만 마인드를 바꾸니 돈에 대한 스트레스가 줄었다.

일단은 물건을 살 때, 많이 고민한다. 이게 진짜 필요한 것인지, 대체할 상품은 없는지 생각한다. 그러면 장바구니에 담았던 물건도 거의 절반은 줄일 수 있다. 또한 사교육비도 많이 줄인다. 학교 방과 후 수업과 마트에서 하는 문화센터를 적극적으로 이용한다. 내가 가르쳐줄 수 있는 것은 집에서 같이 하는 편이다. 아이가 스트레스받지 않는 선에서 짧게 해주면 좋아한다. 엄마랑 같이하는 것을 아이들은 더 좋아하기 때문에 학습효과가 좋은 것 같다. 아이가 뭔가를 배우고 싶을 때는 유튜브를 통해 정보를 알아내고, 먼저 엄마랑 둘이 해본다. 흥미를 느끼면 전문 학원을 알아보고, 하나 정도만 시킨다.

그리고 공부에 연연하지 않기로 했다. 물론 공부를 잘하면 좋겠지만 난 경험을 중요시하므로 다양한 체험을 하는 게 좋다. 도내 시청 홈페이지 보면 무료로 하는 이벤트나 전시회가 많다. 시간이 날 때마다 같이 가서 보고 느낀다.

식비는 아끼지 않는다. 먹는 것이 곧 나라는 생각이 갖고 있기 때문에 밖에서 외식하기보다는 집밥을 해준다. 그러면 생활비를 많이 줄일 수 있다. 아이가 치킨 먹고 싶다고 하면 시켜주기도 하지만 마트에 파는 닭을 사서 오븐에 구워주기도 한다. 기름기가 쫙 빠지고 칠리소스까지 대령하면 아이는 만족해한다. 피자도 사지 않고 직접 만든다. 엄마와 함께 하는 요리 활동에 즐거움을 느끼고 더 잘 먹는다. 물욕을 줄이니 돈에 대한 스트레스가 없다. 적은 월급에서 저금까지 하는 여유도 생긴다.

스트레스받은 엄마가 무심코 아이에게 풀면 그 순간이라고 생각하겠지만 여운은 오래 남는다. 아이에게 상처를 주지 말자. 내 상황이 이런데 스트레스를 어떻게 풀어? 라고 극단적으로 생각하지 말고, 내 상황에서 할 수 있는 선에서 스트레스 상황을 피해 보자. 그 마음 하나여도 상황은 많이 변한다. 스트레스를 관리하는 방법도 하나의 아이를 생각하는 마음이다.

옆집 아이와 살고 있다고 생각하라

어렸을 적, 동네 친구네 집에 자주 놀러 갔었다. 친구 엄마는 놀러 갈 때마다 항상 맛있는 간식을 주셨고, 나근나근한 목소리에 친절하셨다. 솔직히 내심 부러워했었다. 우리 엄마는 항상 바빠서 집에 안 계셨고, 쩌렁쩌렁한 목소리를 가졌고 잔소리가 심했다. 어린 나에게 친구의 엄마는 드라마에서 보던 이상적인 엄마였다. 하지만 환상은 오래가지 않았다. 친구의 엄마는 치맛바람이 있었고, 아이 교육에 관심이 많았다. 친구는 우리 엄마가 잔소리가 심하고 공부를 엄청나게 시킨다며 도리어 무신경한 엄마를 둔 나를 부러워했었다.

엄마라면 이런 경험은 한 번쯤 했을 것이다. 아이의 친구가 놀러 오면 우리 아이보다 더 잘해준다. 가식의 감투를 쓰고 난 이 세상 엄마가 아니야라는 아우라를 뿜으며 천상계 엄마가 된다. 아이의 친구에게 잘 보이고 싶고 인정받으려는 마음도 있지만, 솔직히 친구가 예쁘다. 우리 아이랑 놀 아주는 게 감사하고 둘이 노는 모습을 보면 그렇게 흐뭇할 수가 없다. 그 래서 더 잘해주려고 한다.

그런데 엄마들은 왜 우리 아이를 옆집 아이처럼 대할 수는 없는 걸까?
나도 가끔 사촌 조카들이 집에 놀러 오면 잘하려고 노력한다. 간식도 더 신경 써서 해주고, 같은 잘못을 하면 내 아이에게 화를 냈다. 그러던 어느 날, 사촌 조카들이 집으로 돌아가고 딸아이가 엉엉 울음을 터트리며 엄마 는 나를 사랑하지 않는다고 하였다. 나는 의아스러워서 왜냐고 물었다. 사 촌인 은채에게만 다정하게 밥 먹었냐고 물어보고 친절하게 군다는 것이 었다. 우는 아이를 달래며 절대 아니라고, 엄마는 우리 딸이 세상에서 제 일 사랑한다고 말했다. 그래도 아이는 안정이 안 되었는지 한참을 울었다.
생각해 보면 아이가 질투를 느낄 만했다. 사랑하는 연인관계에서도 서 로에게 익숙해지면 상대가 내 마음을 다 알 거라는 생각으로 함부로 대하 는 경우가 있다. 서로에 대한 기대와 욕심이 커져서 잔소리하기도 하고 모 진 말로 상처를 주기도 한다. 그렇다고 연인을 사랑하지 않는 게 아니다. 더 많이 사랑하기 때문에 사랑이라는 말로 상대를 내 기준에 맞추려 하고 속박하는 것이다. 어른도 사랑하는 상대에게 그런 대우를 받으면 속상하 고 힘든데, 아이는 오죽할까?
엄마는 아이를 사랑하기 때문에 기대가 크다. 그 기대에 못 미치면 아이 가 밉고, 화가 난다. 적당히 가깝게, 적당히 멀게 각자의 삶을 살아가야 한 다. 옆집 아이처럼 거리를 두고, 있는 그대로를 바라봐 주고 잘하면 잘한다고 칭찬해주고, 못하면 옆에서 힘이 될 수 있도록 격려만 해주면 된다. 그래야 커서도 서로가 적당한 거리를 유지하며 서운함과 기대보다는 믿음과 신뢰가 있는 사이가 될 수 있지 않을까. 각자의 삶을 응원하는 사이가 되었으면 좋겠다.

요즘은 사촌 조카들이 놀러 오면 아이의 눈치를 본다. 소중하고 사랑스러운 내 아이에게 소외감을 주지 않도록, 평등하게 대할 수 있도록 노력한다. 그리고 평상시에도 내 욕심과 기대로 인해 아이가 힘들어하지 않도록 나를 단련하도록 노력한다. 그렇게 나는 옆집 아이와 함께 살고 있다.

엄마의 자존감을 올려라

살면서 가장 중요하다고 느끼는 건, 무슨 일이 있어도 나를 믿고 역경을 헤쳐나가는 것으로 생각한다. 아무리 머리가 똑똑하고, 잘난 것이 많아도 나를 사랑하는 마음이 없다면 그건 불행한 인생이다. 육아하면서 가장 크게 생각하는 부분이다. 어릴 때부터 아이에게 항상 이런 말을 해주었다.

"채린아, 넌 누구보다 소중해. 너는 너를 지켜야 해. 세상에서 제일 사랑하는 사람은 엄마가 아니고 너여야 돼."

"알았어, 그럼 엄마는 세상에서 가장 소중한 사람이 엄마야?"

대답을 머뭇거렸다. 나는 나를 세상에서 제일 사랑할까? 아껴주고 있는 걸까?

나는 나를 참 괴롭히는 사람이었다. 대학생 때 미팅을 나갔는데, 관심 있던 사람이 나보다 예쁜 아이에게 관심을 보이면 '네가 못생겨서 그래.' 온종일 거울을 보며 내 얼굴이 못마땅했다. 똑같은 출발 선상에서 앞서가는 친구를 보면 '넌 뭐 하고 있는 거야. 그것밖에 못 하냐.'라고 나를 몰아세웠다. 이혼하고 가족 모임이 있는 날에는 행복하게 사는 언니네 부부를 보면 '난 왜 이 모양으로 사는 거야.'라고 부러워하며 신세 한탄이나 하고 있었다. 몸이 아팠을 때는 '약해 빠졌어. 가진 것도 없는데 몸이라도 건강해야 할 거 아니야!' 자신에게 위로를 못 해줄 망정 비난을 하고 있었다. '앞으로 나에게 행복한 일이 올까?' '나에게 또 고난이 올까 봐 무서워. 난 지금 너무 불행해. 죽고 싶다.'라는 부정적 생각으로 나를 너무 힘들게 했다. 항상 가진 것에는 만족을 못 했던 사람이었다. '이 세상에서 내가 제일 불쌍해.'라는 자기 비하에 빠졌던 사람이었다. 그런 사람이 내 아이에게는 자신을 제일 사랑하라고 말할 수 있는 자격이 있는 건가? 자신이 없었다. 아이에게 제일 중요한 것을 가르쳐 주고 싶었지만 할 수 없었다. 머리로는 되었지만, 마음은 따라주지 않았다. 앵무새처럼 진심 없는 가르침이었다.

그렇게 살던 중 나를 사랑하게 된 계기가 있었다. 작년이었다. 불안증세가 너무 심해져서 대학원의 마지막 학기를 앞두고 휴학을 하게 되었다. 가슴은 온종일 쿵쾅거리고 몸은 안 아픈 데가 없었고, 불면증이 너무 심해 잠을 거의 잘 수가 없었다. 수면제를 먹으면 금방 잠이 들었지만, 두 시간 이후면 잠에서 깼다. 정신도 몸도 피폐해졌다. 정말 이렇게 살다가는 죽을 것 같았다.

하지만 나에게는 소중한 아이가 있었다. 이렇게 무너질 수 없었다. 마음이 불안해질 때면 일어나서 108배를 했다. 하루에도 몇 번을 반복했다.

108배를 하면 불안했던 마음이 조금은 잠잠해졌다. 내 마음을 잡아줄 가슴 따뜻한 에세이를 닥치는 대로 읽었고 법륜스님과 김미경 강사님의 강의를 잠이 들 때까지 계속 들었다. 부정적 마음이 생각을 달리하니 조금은 편안해질 수 있었다. 그때부터 생각한 것은 나는 나를 사랑하고, 욕심을 부리지 말고, 작은 것에 감사하는 마음으로 살자는 것이었다.

나에게는 감사할 일이 많았다. 누구보다 사랑스러운 나의 보물 아이가 있었고, 나와 내 아이를 받아주고 도와주는 부모님이 있었다. 아픈 데는 많지만, 그 힘든 역경 속에서 크게 아프지 않은 내 몸이 있고, 나에게 든든한 지원자 언니들이 있었고, 일을 할 수 있는 내 직업이 있었다. 아이와 힘들지 않게 여러 곳을 돌아다니며 탈 수 있는 차가 있고, 그리고 집이 있었다. 친구들은 이 나이에 집이 있다는 것을 부러워했었다. 그 집은 어떻게든 딸을 지켜내려고 몇 년을 마음고생 한 흔적이었고 열심히 살아온 내 땀과 딸과 손녀를 생각하는 친정 부모님의 눈물이 있는 집이었다. 그렇게 힘들게 이뤄낸 결실이었지만 행복하지 않았다. 잘나가는 언니들에 비해서는 턱도 없는 재산이라고 생각했다. 아버지는 항상 나를 "아이 키우려면 열심히 돈 벌어야 한다."라고 재촉했다. 그래서 천천히 밟아 가기보다는 요행을 바라고, 나를 채찍질하며 욕심이 지나쳤다. 가진 것을 보지 못했다.

나는 나를 힘들게 하는 욕심을 버리기로 했다. 돈을 벌 수 있는 기회가 있어도 무리가 되거나 나를 힘들게 하면 포기했다. 내가 할 수 있는 선에서 큰 스트레스 안 받고 돈을 벌도록 노력했다.

자식에 대한 욕심도 내려놓았다. 그전까지는 힘든 상황이지만 아이를 누구보다 잘 키우고 싶다는 오기가 있었다. 지금은 몸과 마음만 건강하게 크면 더 바랄 게 없다. 나를 힘들게 하는 인간관계도 다 정리하였다. 부모님, 언니, 동생도 힘들게 하면 거리를 두었다. 온전히 혼자가 되었지만 자유로울 수 있었고, 편했다.

작은 것에 감사하는 마음을 가졌다. 주말마다 숲에 가서 정상에 올랐다. 의자에 누워서 눈을 감는데, 행복했다. '저에게 이런 여유를 주셔서 감사합니다.'라고 속으로 생각했다. 맛있는 것을 먹을 때도, 갑자기 튼 라디오에 내가 좋아하는 음악이 흘러나올 때도, 출근길에도, 항상 감사하는 마음을 가졌다. 자기 전에는 '오늘 하루도 별일 없이 행복한 하루를 주셔서 감사합니다.'라고 말하며 잤다. 그러더니 정말 내 인생에 감사할 일만 생겼다. 마음이 따뜻해졌다. 생각 한 끗 차이로 이렇게 인생이 달라질 수 있는지를 느꼈다.

1년 넘게 108배를 하루도 빠짐없이 했다. 여행을 가서도 빠지지 않았다. 내 인생에서 이렇게 꾸준히 간절하게 무언가를 한 적이 있었나 왠지 모를 자신감이 생겼다. 그리고는 예전부터 하고 싶었던 일을 하나씩 도전해보았다. 그중의 하나가 글쓰기였다. 책만 읽던 독자에서 나도 진솔한 에세이를 쓰고 싶었다. 글을 쓰면서 그동안 가슴속에 있던 응어리가 풀리는 것 같았다. '이만큼 솔직해도 되는 거야.' 글 쓰는 게 부끄럽기도 하고, 이렇게 쓰는 게 맞나? 글 잘 쓰는 사람들을 보면 주눅도 들었지만, 쓸 때만큼은 좋았다. 그러다 브런치 플랫폼에 글을 올렸는데 메인에 내 글이 올라가고, 글 하나 조회 수가 10만 뷰를 찍었다. 사람들이 '좋아요'를 눌러주니 자신감이 생겼다. 또한 새로 론칭하는 플랫폼에서 육아 관련 카운슬러로 활동해 달라는 업무 제안도 받았다. 그리고 이렇게 책도 출간하게 되었다. 아직도 글을 잘 쓰려면 멀었지만, 뭔가 가능성을 발견한 것 같아 자존감이 올라갔다.

육아하다 보면 엄마들은 자존감이 낮아질 수밖에 없다. 특히 일하지 않는 전업주부는 더 심하다. 아이를 낳기 전에는 그래도 사회의 일원으로 열심히 일했지만, 아이를 키우면서는 뭔가 도태된 느낌도 들고, 어떨 때는 내 인생은 뭔가? 인생의 허무함을 느낄 때도 있다. 떨어진 자존감은 당연히 아이들에게 갈 수밖에 없다. 괜히 아이에게 화를 내고, 짜증을 낼 수도 있다.

오늘부터라도 삶의 활력소를 찾아보자. 내가 좋아하는 일을 당장 시작해보자. 시간 핑계는 정말 핑계일 뿐이다. 내 친구는 베이킹이 좋아서 아이가 자고 나서 새벽까지 베이킹을 배운다. 유일한 힐링 시간이라고 한다. 작은 것을 이뤄낸 힘으로 뭐든지 다할 수 있는 용기가 생긴다. 내 자존감을 올려 자신감을 찾고, 삶을 대하는 가치관까지 달라진다면 분명 아이의 삶도 달라질 거라 믿는다.

아이의 성장 속도를 인정하자

아이를 키우다 보면 개월 수에 따라 발달이 잘되고 있는지 관심이 많다. 나도 아이를 키우면서 두 달 단위로 개월 수가 지날 때마다 인터넷이나 책을 보면서 자가 진단을 했던 것 같다. 개월 수보다 빠르면 우리 아이가 뛰어난 게 아닌가 하며 행복감을 느끼고 더딘 부분이 있으면 걱정을 하기도 했다.

조카는 돌이 지나도 누워있기만 하고 15개월이 지나도 앉을 수만 있어서 다니던 소아청소년과에서 정밀 검사를 받아보라고 했다. 그래서 대학병원에 가서 검사를 받은 적이 있다. 그때 형부랑 언니는 혹시나 우리 아이가 문제가 있지 않을까? 검사 결과 나오기 전까지 잠도 못 자고 불안함에 시달려야 했다. 얼마나 애가 탔을까? 아이 있는 부모님들은 다 공감할 것이다. 다행히 결과는 정상으로 나와서 지금 초등학생이 된 조카는 여느 아이들과 다름없이 잘 크고 있다.

내가 만 2세 반을 맡고 있을 때, 언어가 느린 여자아이가 있었다. 보통 남자아이들보다 여자아이들이 언어가 빠른데, 이 아이는 늦은 개월의 남자아이들보다도 언어가 느렸다. 세 돌이 지나도 물, 줘 등 간단한 단어로만 의사 표현을 하였다. 내심 걱정이 되어 언어치료를 받아야 하는 건 아닌지 말을 해야 하나 말아야 하나 고민했다. 몇 개월이 지나자 조금씩 문장으로 이야기하더니 다섯 살이 되었을 때는 느리지만 자기 의사 표현을 했다. 몇몇 사례를 보면서 생김새도 다르듯이 아이마다 발달 시기와 정도가 있는 건데 엄마가 너무 조급하게 생각하는 건 아닌지 그런 생각이 들 때가 있다.

난 어린이집 선생님을 하면서 수많은 아이를 만났다. 네 살 1학기가 지났는데도 기저귀를 혼자만 못 뗐던 아이가 하루 만에 떼서 놀랐던 경험도 있고, 다섯 살 때까지 말을 잘 못 했던 아이가 여섯 살 때 단숨에 한글을 뗀 기억도 있다.

내 아이도 마찬가지였다. 내 딸은 여섯 살 때까지 자기 이름밖에 몰랐다. 일곱 살이 돼서 친구들이 한글 읽는 것을 보고 그때, 공부하겠다고 했다. 솔직히 그 전에 나도 조바심을 냈었다. 먼저 아이를 키운 동료 교사분은 유아교육에 따라 초등 전까지 한글 공부를 안 시켰다고 했다. 아이가 학교에 갔는데 자기 아이 빼고는 다 한글을 깨우치고 와서 그때부터 부랴부랴 한글 공부시키느라 완전 피 봤다고 선행학습은 꼭 하라고 일러둔 적이 있기 때문이다.

주위 친구 엄마들 보면 한글 전문 교습소에 보내고, 한글 읽는 것도 모자라 여섯 살 아이가 초등학교 1학년 수준으로 글짓기를 하는 것을 보고 놀랐던 경험이 있었다. 그런 경험을 겪으면서 우리 아이는 아예 한글에 관심이 없는데 어떡하지 하고 걱정되고 불안했다.

하지만 나는 초등학교 가기 전까지 한글을 깨우치면 된다고 생각했고, 그 대신 자연에서 오감을 느끼고, 놀이와 책을 통해 상상력을 키우자 마음 먹었다. 솔직히 귀찮은 마음도 컸다. 글자에 관심 없는 아이 앉혀서 실랑이하기도 싫었고, 어디서부터 어떻게 한글을 가르쳐야 할지도 감이 잡히지 않았다. 그렇게 아이는 준비가 되었을 때, 나에게 이야기해 주었고 난 때가 된 것 같아 그때부터 같이 한글 공부를 시작했다. 준비가 되지 않은 시기에 한글을 가르쳤더라면 1년이 걸린 공부를 한 달이 되자 거의 모든 한글을 읽을 수 있었다.

혹시 아이가 눈 맞춤이 안 되거나 말을 전혀 하지 않을 경우, 혼자 놀이가 안 되고, 충동적이거나 공격적 성향을 보일 때는 전문가를 찾아가서 치료하는 것을 권한다. 대학원에서 놀이 치료 공부를 하면서 치료 덕분에 좋아진 케이스를 많이 보았다. 치료 시기를 놓쳐서 발달이 더뎌지고, 이상행동이 더 심해져서 엄마들이 고생하는 것을 보았다. 치료가 나쁜 것이 아니다. 우리 아이가 문제가 있어서 센터에 가는 게 아니라 좀 더 도움을 받을 수 있고 보완할 수 있다고 생각했다. 아이가 수학을 못 하면 수학학원 보내듯이 치료를 통해서 발달이 더딘 부분을 끌어 올릴 수 있다고 생각한다.

가장 중요한 건 주위 평판이나 부모님 생각이 아닌 아이에게 어떤 방법이 최선일까? 생각하고 지켜봐 주는 게 부모님들의 역할이다. 어른도 마찬가지다. 조금 일찍 자기 분야에 두각을 보이고 성공하는 사람이 있는가 하면 방황을 하고, 자기 자신에 대해 알고 난 후, 천천히 묵묵히 자기 일을 하다가 조금은 늦은 나이에 빛을 발하는 경우도 있다. 재촉하지 말고 불안에 떨지 말자. 다 때가 있는 법이니까. 육아는 기다림이다.

워라밸 대신 육아밸을 선택해라

워라밸은 일과 삶의 균형을 말한다. 일과 삶이 적당하게 조화를 이룰 때, 우리는 더 열심히 살아갈 수 있다. 불균형이 온다면 너무 소진되어 번아웃 증후군이 오기도 하고, 스트레스를 받아 몸이나 마음이 아플 수도 있다.

직장인에게는 워라밸이 있듯이 엄마에게는 육아밸이 필요하다. 아이를 기르는 엄마에게 무엇이 가장 필요하냐고 물어본다면 당연 '시간'일 것이다. 온전히 나만의 시간 말이다. 그래서 육퇴(육아 퇴근)라는 말이 나오고, 자유부인을 꿈꾸는 것일지도 모른다.

작년에 아이가 있는 언니랑 여행을 갔었다. 언니는 거의 5년 만에 육아에서 벗어나 처음 떠나는 여행이었다. 6개월간 형부의 일이 바빠서 언니가 거의 독박육아를 했었다. 그래서 형부가 4일간의 휴가를 주었다. 언니는 그동안의 스트레스를 날려 보내고 싶었는지 여행지에서 입을 예쁜 옷도 장만하고, 노트북도 가지고 왔다. 낯선 나라에서 커피를 마시며 글을 쓰고 싶었다고 했다. 언니는 여행 내내 아이들을 그리워했다. 맛있는 것, 좋은 것을 보면 아이들 생각이 났고, 쇼핑하다가도 아동복이 보이면 아이 옷을 골랐다. 그래도 언니는 자유를 맘껏 누리는 것 같았다.

집으로 돌아온 후, 언니에게 시련이 왔다. 형부가 아이를 보느라 애를 쓰는 게 시댁에서는 안쓰러워 보였는지 여행 간 것에 대해 안 좋아하는 눈치였고, 친정아버지는 오랜만에 만난 사돈어른들의 표정이 좋지 않자 미안한 감정이 들었나 보다. 아버지는 언니에게 전화를 걸어 아이들도 어린데 왜 여행을 갔냐면서 꾸짖었다. 함께 간 나에게도 나무랐다. 난 시댁이 없어서 내 시간이 자유롭지만, 누군가의 며느리로 살아가는 엄마에게는 시간을 낸다는 게 쉽지는 않았다.

나의 큰 언니는 워킹맘이다. 아이 키우고 일하며 누구보다 열심히 산다. 언니를 보고 있으면 짠하기도 하다. 퇴근해서 밥 차리고, 형부가 설거지하면 언니는 아이를 씻긴다. 그리고는 밀린 집안일을 하다가 9시가 되면 아이랑 같이 잠이 든다. 새벽 6시에 일어나서 아침밥을 차리고 회사 갈 준비를 한다. 아이를 챙기고 출근을 한다. 언니의 삶은 정신없이 돌아가지만, 온전히 자신만의 시간은 없다.

그렇다고 엄마라고 해서 주야장천 육아만 하며 살 수도 없다. 나만의 시간을 확보해야 한다. 나는 아이가 잠드는 시간을 적극적으로 활용한다. 아이를 9시에 재운다. 그리고 그 후에는 내가 좋아하는 일을 한다. 책을 읽고 글을 쓴다. 그렇게 나에게 두 시간의 여유시간을 챙긴다. 새벽 6시에 일어나서 30~40분은 글을 쓰거나 간단히 스트레칭하며 명상을 한다. 그러면 하루를 활기차게 시작할 수 있다. 2주일에 한 번 주말은 꼭 나만의 하루를 정한다. 아이를 잠시 맡기고 2~3시간이어도 내 시간을 갖는다. 커피숍에 가서 책을 읽거나 친구를 만나기도 한다. 경치 좋은 곳으로 드라이브를 하러 가기도 한다.

나 역시 큰언니처럼 육아에만 매진한 적이 있었다. 아침부터 잘 때까지 아이와 함께였다. 그 시간이 다 행복했다고 생각하지는 않는다. 어떨 때는 지쳤고, 어떨 때는 화가 났었고, 어떨 때는 육아로 인해 우울하기도 했었다. 요즘은 내 삶이 좋다. 엄마이기도 하지만 온전히 나이기도 한 내 하루가 좋다.

엄마들이 자기의 삶을 놓치지 않았으면 한다. 인생은 짧다. 육아에만 너무 매달리지 말자. 아이는 금방 클 거고, 언제 내가 이렇게 나이가 들었나 후회가 올 수도 있다. 엄마가 성장하는 시간을 가져야 아이도 성장할 수 있다. 엄마의 삶을 사랑할 수 있어야 아이도 자기 삶을 사랑할 수 있다. "너 때문에 살았어." "누가 나 때문에 희생하래?"라는 말은 구시대적인 말이다. "엄마가 있어 제가 이렇게 클 수 있었어요. 엄마 존경합니다." 이런 말을 자식에게 듣는다면 그게 엄마로서 정말 성공한 삶이 아닐까. 지금부터라도 내 삶의 진짜 의미를 찾아보자.

참견러들에게 자유로워지기

"애가 너무 말랐다. 뭘 좀 먹어야겠다."

내 딸은 또래 보다 말랐다. 어딜 가든 이런 이야기를 듣는다. 남들은 걱정돼서 하는 이야기겠지만 계속 듣는 엄마는 죄책감을 넘어 스트레스를 받는다. 아이도 스트레스를 받는지 얇은 팔과 다리를 보이며 "엄마, 난 왜 이렇게 살이 없어?"라고 묻는다. 사람들은 뚱뚱한 사람들에게 "뚱뚱하다."라는 말이 실례라고 생각하면서 정작 마른 사람들에게는 몸매 이야기를 서슴없이 말한다.

어디 그뿐인가. 100일이 지나 뒤집기를 못 하면 "발달이 늦네." 돌이 지나서 잘 못 걸으면 "걷는 게 느리네. 다리 운동도 해줘야겠다." 두 돌이 될 때까지 말을 잘 못 하면 "언어가 너무 느린 거 아냐? 언어치료 알아봐." 네 살이 돼서 기저귀를 못 떼면 "너무 느린 거 아냐? 우리 아이는 금방 떼던데." 일곱 살이 되면 "아직 한글 못 읽어? 엄마가 신경 좀 써야겠다." 초등학교, 중학교, 고등학교 때는 공부 이야기를 할 것이고, 대학교 가면 취업 이야기를 할 것이고, 취업하면 결혼 이야기를 할 것이고, 결혼하면 아이 이야기를 할 것이다. 아이를 가지면 둘째 이야기를 하겠지. 이놈의 레퍼토리는 세월이 흘러도 변하지도 않는다. 아직은(우리 아이들이 크면 좀 더 다양성이 인정되는 사회이길) 말이다.

참견러들의 특징은 이렇다.

첫째, 상대를 위해 주는 것처럼 보이지만 자기 자랑이다. 우리 아이는 특별하군, 역시 내가 잘 교육한 보람이 있다는 의식이 깔렸다.

둘째, 상대를 걱정해 주는 것처럼 보이지만 자기 위안이다. 우리 아이보다 더 느리네, 우리 아이는 보통이었어, 저 엄마 힘들겠다. 내 아이는 편하게 육아하는 거였네.

셋째, 정말로 도움되라고 걱정스러운 마음에 한 말이지만 상대방에게는 전혀 도움이 안 된다.

솔직히 나도 누군가에게는 참견러였는지도 모른다. 말로 내색은 안 했지만 속으로 그렇게 생각했었다. 하지만 내가 아이를 키워보고, 다양한 아이를 만나면서 그러지 않기로 했다. 아이들에게는 고유의 속도와 특징이 있다.

신체 발달이 좋아서 빨리 걷는 아이가 있지만, 언어가 느린 아이도 있다. 언어 발달이 빠른 아이가 있지만, 신체 발달이 더딘 아이도 있다. 신체 발달과 언어발달이 빠르지만 자기밖에 모르고 양보는 모르는 사회성이 더딘 아이도 있다. 참견러들에게 더는 휘둘리지 말고 아이의 강점은 더 키워 주고, 아이의 약점은 성장할 수 있도록 격려해주어야 한다.

만약 참견러들에게 스트레스를 받고 있다면 이 방법을 추천한다. 한 귀로 듣고 한 귀로 흘리는 맷집을 키워야 한다. 속으로 통쾌한 한방을 날린다. '○○ 엄마 우리 아이 보고 자꾸 마른다고 하는데, 시훈이 뱃살 보세요. 누가 어린이로 보겠어요? 배만 보면 40대 아저씨지. 이 선생님 같은 나이대 아이 키우면서 선생님 아이 계속 발달 빠르다고 자랑하시면서 우리 아이 돌려 까는데 발달만 빠르면 뭐 해요. 어른한테 하는 행동 보니 싹퉁바가지던데. ○○ 엄마, 자꾸 남편 연봉 이야기하면서 우리 집 경제적 문제까지 걱정하며 아이 교육 자랑하시던데, 아이 크면 봅시다. 누가 행복하게 잘 살고 있는지, 전 걱정 없거든요. 흔들림 없는 저만의 육아 철학이 있거든요.'

참견러들에게 자유로워지면 그 누가 무슨 말을 하든 전혀 신경을 안 쓰는 경지에 오를 수 있다고 생각한다. 아이 육아에 있어, 더 많이 고민하고 노력하는 사람은 부모밖에 없다. 각자 아이는 각자가 알아서 키우자. 아이의 속도를 인정하고, 있는 그대로 봐주기 그게 정답이다. 또한 서로 있는 그대로 봐주는 것이 사람에 대한 예의와 배려가 아닐까.

'놀이 육아'로 아이와 공감을 해 주라

아이들은 혼자 잘 놀다가도 언제나 부모님 곁에 와서 놀아 달라고 한다. 아이들은 부모님과 노는 것을 가장 좋아한다. 막상 놀아 주려고 하면 어떻게 놀아줘야하지 막막한 부모님들이 많다. 뭔가 어색하기도 하고 아이 눈높이에서 어떻게 말해야 할지 곤란할 때가 많다. 아이들은 놀이를 통해 감정이나 경험을 표현하기도 하고 문제를 해결하는 방법을 배우기도 한다.

정신분석학자인 Winnicott은 '놀이'를 현실과 판타지에 중간 영역이라고 하였다. 그래서 아이들은 놀이를 통해서 뭐든지 표현할 수 있다. 초임 시절, 반에 말 안 듣는 여자아이가 있었다. 나도 모르게 항상 그 아이에게 "~하면 안 돼요."라는 말을 많이 했었다. 그 아이는 놀이를 할 때마다 인형을 세워놓고 선생님 역할을 많이 하며 놀이를 했다. 집에서도 그렇게 많이 논다고 하니 관찰력이 뛰어난 아이구나 생각했었다.

아동 대학원에 들어와서 놀이 치료 공부를 하는데 지도교수님이 아이들은 현실 세계에서 억압된 부분을 놀이를 통해서 표출한다고 했다. 그때 그 아이가 떠올랐다. 그 아이는 내가 단체생활이어서 제지를 한 게 억압으로 느껴졌고 그것을 놀이를 통해 스스로 치유하고 있었다. 좀 더 아이를 위해 긍정적 말을 많이 해줄걸, 해가 끼치지 않는다면 조금은 자유롭게 하도록 해줄 걸 후회가 되고 미안하기도 했다.

아이들은 어른의 행동을 보며 모델링 한다. 할머니가 점집을 하던 아이가 있었는데 그 아이는 과일 모형을 세워놓고 굿을 하는 놀이를 하기도 하고, 어떤 아이는 친구가 잘못된 행동을 하면 우리 반에서 내쫓아 버린다고 말을 하는 아이도 있다. 우리들이 무심코 했던 행동이나 말이 거울이 되어 아이들은 다 따라 한다. 그래서 옛말에 아이들 앞에서 말하나 행동 하나 조심해야 한다고 말했던 것이다.

다수의 엄마가 아이들과 노는 것을 힘들어한다. 그 이유는 뭘까? 대학원 때 지도교수님이 이런 말을 한 적이 있다. 엄마는 놀이할 때도 가르치려고 하는 버릇이 있다고 했다. 그리고 정말 공감되는 예를 들어 주셨다.

만약 아이와 병원 놀이를 한다고 가정하자. 아이들은 엄마에게 환자를 시키고 자기는 의사 역할을 많이 한다. 아이가 엄마에게 "어디 아파서 왔어요?" 말하며 청진기를 대기도 하고 주사를 놓아주려고 한다. 일반적으로 우리 부모님들은 이럴 때 어떤 반응을 할까? 아이가 주사를 맞을 때 병원에서 울었던 경험을 떠올리며 "주사가 아픈 줄 알았는데 쪼금 따끔하고

고 참으니 안 아파요."라고 이런 식으로 말하며 주사는 안 아프다는 의미의 얘기를 해주는 엄마가 많을 것이다. 이러한 엄마의 반응에 아이들은 재미가 없다. 당연히 재미가 없을 수밖에 없다. 교과서적인 이야기를 하는데 누가 재밌어할까?

만약 이럴 때 "아야~ 선생님 저 맞기 싫어요~ 무서워요." 말하며 도망가는 시늉을 한다면 아이의 반응은 어떨까? 까르르 웃으며 엄마를 따라올 것이다. 엄마와의 놀이가 즐겁고 놀이를 통해 의사 선생님, 환자의 입장을 생각해 볼 수 있는 힘이 생긴다.

살아가면서 공감은 중요하다. 그 사람 입장이 되어 보는 것, 그 입장이 안 되더라도 이해해 보려고 노력하는 것. 그게 인간관계의 기초가 되는 것 같다. 아이들은 이기적이다. 자기밖에 모른다. 간혹 타인을 배려하는 아이가 있지만, 대부분 아이는 자기중심적일 수밖에 없다. 놀이를 통해서 내가 엄마가 되어 보고, 엄마가 아이가 되어 보면서 각자의 처지를 이해해 보는 시간을 가져보면 어떨까.

모든 부모님이 내 아이가 다른 사람의 슬픔에 공감하고, 기쁜 일에는 누구보다 기뻐해 주는 사람이 되었으면 할 것이다. 오늘부터 '놀이 육아'를 시작해 보자. 자녀, 부모 사이도 좋아지고 남을 이해하는 아이로 클 수 있다.

인내심은 30초만 기다려주는 '찰나'에서 길러진다

육아하다 보면 아이들이 귀찮게 하는 경우가 있다. 언제가 가장 그럴까? 요리할 때, 화장실에 갈 때, 통화할 때 등을 들 수 있다. 특히 통화할 때는 울거나 물건을 던지거나 소리를 지르며 엄마의 인내심을 테스트하기도 한다.

가끔 언니랑 통화할 때면 수화기 너머 언니의 소리 지르는 소리가 들린다. 조카도 엄마가 잠시 통화하는 게 싫은가 보다. 우리는 할 말을 다 하지 못한 채 급하게 전화를 끊는다. 나 역시 중요한 전화가 올 때는 폭발해서 아이를 밀어낸 적도 있다. 그 순간 아이가 상처받을 거라는 생각을 못 했다. 얼른 전화를 끊고 아이에게 왜 그러냐고 다그치기 바빴다. 아이는 자기를 밀었다는 거부감에 더 못된 행동으로 화난 자기 마음을 보여주었다.

랜드레스 박사가 쓴 《놀이치료를 통한 부모-자녀 관계 치료》에서는 부모교육에서 부모들에게 숙제를 낸다. 그중에 이런 내용이 있다. 통화하고 있을 때, 상대방에게 "30초 동안만 기다려 줄래요?" 말을 하고 30초 동안 아이의 말이나 눈을 보면서 '난 너에게 집중하고 있어.'라는 뜻을 보여 주라고 한다. 아이는 자기에게 잠시 집중하는 부모를 보며 '역시 엄마에게는 내가 먼저야.' 라는 만족감을 느껴 방해하는 행동을 하지 않고 통화가 끝날 때까지 기다려 준다. 나도 그 이후 몇 번 그렇게 행동하니 우리 딸도 달라졌다. 잠깐의 시간이지만 아이는 엄마가 날 생각하고 있다고 느끼는 것 같다.

육아와 인생은 찰나인 것 같다. 그 찰나 하나로 다치기도 하고, 평생 후회하기도 하고, 아이에게 상처를 주기도 하고, 무언가 싫어지는 계기가 되기도 한다.

아이가 세 살 때였다. 같은 어린이집에 다녔었다. 친구랑 놀다가 아이 입술이 찢어지는 사고가 발생했다. 그 당시 원장님도 안 계시고, 내가 봐야 할 아이들도 있어서 응급처치만 했다. 점심시간이 되자 아이 입술이 부어올랐다. 그때야 나는 부랴부랴 다른 선생님들에게 양해를 구하고 아이를 데리고 병원으로 갔다. 의사 선생님은 아이 입술을 보더니 "꿰맬까요?"라고 물었다. 그건 의사가 결정해야 할 일이지, 의학 지식이 없는 엄마가 정할 것은 아닌 것 같았다. 신뢰가 가지 않았다. 의사는 우물쭈물하는 나에게 "꿰맵시다."라고 말하고 간호사에게 수술실을 알아보라고 했다. 아이는 엉엉 울고, 믿음이 없는 의사에게 내 아이를 맡기고 싶지 않았다. 그리고 처치만 하고 다른 병원으로 갔다.

다행히 지금은 흔적조차 없는 상처가 되었다. 하지만 몇 년은 아이의 상처를 볼 때마다 '그때 , 빨리 병원에 갔더라면.' '가까운 병원이 아니고 더 큰 병원에 갔더라면.'하고 죄책감을 안고 살았다.

혹시 지금 찰나의 순간을 놓치고 있지 않은가? 아이는 엄마가 많은 것을 해주는 것을 바라는 게 아니라 그 순간, 작은 행동에 사랑을 느끼고 바랄지도 모른다. 핸드폰 하다가 딴짓하며 1시간 놀아주는 것보다 아이는 단 5분을 놀더라도 진심으로 엄마가 놀아주면 그걸로 사랑을 느끼고, 신뢰감을 쌓는다. 찰나의 순간을 놓쳐서 평생 후회하는 일이 없길 바란다.

인성교육은 훈육에서 시작함을 기억하라

요즘 아이들을 보고 있으면 예의가 없는 아이들이 많다. 선생님도 친구 같이 대하는 듯한 느낌이 든다.

"수호야, 간식 다 먹었어요?"
"응. 다 먹었어."
뭐야 여기 아메리카야 반말이 입에 붙은 아이도 있고,
"자, 이제 유희실 갈 거예요. 정리해주세요."
"선생님이 이거 정리해."
선생님에게 대신시키는 아이도 있다.

어린이집에 CCTV가 의무화되고, 학부모님들의 예전보다 까다로운 시선 때문에 선생님들도 훈육을 피하는 경우가 많다. 나 또한 아이들에게 잘 화를 내지 않는다. 가끔 친구를 두들겨 패는 아이들이 있을 때는 나도 화가 나서 소리를 지르는 경우가 있지만, 웬만해서는 참는다.

모 방송국에서 하는 관찰프로그램 예능을 보는데 연예인 H 씨네 아이가 나왔다. 아이의 공격적인 행동 때문에 고민이 많은 듯 보였다. H 씨는 워킹맘이어서 아이와 함께하는 시간이 부족해서 잘못된 행동에도 단호하게 하지 못했다. 나 역시 아이가 불쌍해서 그런 적이 있었기 때문에 공감이 갔다. 육아전문가 오은영 박사님은 아이의 잘못된 행동에는 단호하게 안 된다고 말하라고 하셨다. 머리로는 이해가 되지만, 상황이나 환경, 성격 등 다양한 원인으로 아이에게 단호하게 훈육하기란 힘든 점도 있다. 또한 아이에게 "안 돼요."라고 주의를 몇 번을 줘도 아이들은 그때뿐이지, 망각의 동물처럼 또 공격적인 행동을 한다. 내 딸도 다를 게 없다. 엄마가 "안 돼."라고 말하면 슬슬 눈치를 보며 또 자기가 하고 싶은 행동을 한다. 생각하는 의자나 손을 들고 벌서게 해야 하나 고민을 했다. 그러던 어느 날, 나의 양육방식에 충격을 주었던 일이 있었다.

내가 다니는 어린이집에 말 정말 안 듣는 남자아이가 있다. 폭력성도 많아서 그 아이 때문에 그만둔 아이들이 다섯 명은 된다. 원장님이 부모님까지 원으로 오게 해서 상담을 한 적도 있다. 부모의 행동을 보면 아이의 행동이 이해된다. 방관하는 엄마와 아이가 다른 친구에게 한 대라도 맞으면 선생님들에게 항의하고, 너는 더 세게 때리라고 말하는 아버지였다. 그 아이가 여섯 살 반이 되었다. 담임을 맡은 선생님은 잘해줄 때는 엄청나게 잘해주지만 혼낼 때는 엄청 무섭게 혼내는 선생님이었다.

어느 날, 그 아이 반에 들어가게 되었다. 정리 시간에 그 아이가 정리를 안 하고 있자,

"민수야, 정리 시간이잖아. 부지런히 정리하세요."라고 말했다.

"싫은데요. 메롱."

선생님에게 메롱 하며 실실 웃었다.

난 화가 나서 아이를 부르고 선생님은 친구가 아니다. 그렇게 버릇없는 행동을 하면 안 된다. 주의를 주고 다시 정리를 시켰다.

그 이야기를 들은 담임선생님이 나에게 아이를 데리고 오더니

"얼른 사과하세요. 너 선생님께 메롱을 했어? 어디서 버릇없는 행동이야."

정말 무섭게 아이를 혼냈다. 꼭 잘못을 빌러 온 엄마와 아들 같았다. 아이는 눈물 콧물 다 흘리며 울었다.

"선생님, 민수가 진심으로 사과하면 그때 교실로 들여보내 주세요."라고 말하며 선생님은 교실로 들어갔다. 아이는 그 후, 절대 버릇없는 행동을 보이지 않았다. 또 폭력적인 행동도 많이 나아졌다. 선생님은 그 아이에게 되고, 안되고를 확실히 알려주신 거였다.

단호하고 무서운 선생님들 교실을 가보면 아이들이 질서 정연하다. 규칙을 잘 지키고, 말썽꾸러기 남자아이들도 군기가 확 잡혀있다. 반대로 화를 안 내는 선생님 교실에 가보면 난장판도 이런 난장판이 없다. 정리는 안 되어 있고, 정리하라고 해도 하지 않는다. 왜냐면 선생님이 대신할 거라는 것을 알고 있다. 친구를 때리고 밀어도 선생님이 "안 돼요."라는 말로만 끝내기 때문에 선생님이 보는데도 과격한 행동을 하는 아이들이 있다.

아이들은 만만한 사람을 누구보다 잘 안다. 아직 도덕성이 잘 발달하지 않았기 때문에, 약육강식의 세계를 누구보다 잘 안다. 아이가 정말 잘못된 행동을 했을 때는 단호한 입장을 보여야 한다. 절대 해서 안 되는 행동이라는 것을 인지시켜줘야 한다. 대학원 조교 선생님이 이런 말을 한 적이 있다. 요즘 아이들은 대학생이 되더라도 아기처럼 행동하는 학생이 많다고 한다. 하나부터 열까지 다 가르쳐 줘야 한다며 푸념 섞인 말을 했다. 지금 내 육아 방식을 되돌아보자. 아기처럼 우쭈쭈 키우고 있지는 않은지, 내 아이가 컸을 때 어른 아기가 된다면 너무 끔찍하지 않은가. 그러기에 무한 사랑도 중요하지만, 아이가 잘못된 행동을 보일 때 혼낼 필요도 있다.

100번의 칭찬보다 1번의 격려가 중요하다

칭찬이 어쩌면 아이들에게 부담이 될 수 있다는 사실을 아는가?

어릴 적, 난 항상 칭찬에 메말라 있던 사람이었다. 잘난 언니들을 두는 바람에 내가 반장이 되어도, 시험 기간에 공부를 해서 성적이 올라도 부모님에게는 큰 감흥이 없었다. 1등이 아니었기 때문이었다.

초등학교 6학년 때, 처음으로 마음에 와닿게 칭찬해 준 선생님이 계셨다. 선생님은 초등학교 교사이자 시집도 출간한 시인이었다. 글 쓰는 것을 참 좋아하셨다. 그 영향으로 우리 반은 항상 글쓰기 수업이 있었다. 그전까지 나에게 글쓰기란 일기와 독서록 정도였다. 매주 주제를 주고 글을 쓰라고 하셨는데, 솔직히 처음에는 힘들었다. 귀찮기도 했다. 그래도 숙제니깐 꾸역꾸역 제출했는데 내 글을 보시더니

"윤정아, 표현력이 좋네. 이번에 도에서 글짓기 대회가 있는데 한번 나가보는 게 어떻겠니?"

솔직히 얼떨떨했다. 반에서 1, 2등하는 친구들도 있는데 왜 나보고 나가라고 하시는 거지? 이해가 안 됐다. 선생님에게 코치를 받고 6학년 대표로 나갔다. 내 글은 도지사상을 타게 되어 구령대 앞에서 상을 받게 되었다.

처음으로 느끼는 희열이었다. '나도 잘하는 게 있구나.'라는 자신감을 가지게 된 계기였다.

부모님들은 아이들 밥 잘 먹을 때, 정리 잘할 때 등등 칭찬을 많이 한다. 다들 어떻게 하세요? 라고 묻는다면 "○○ 참 잘하네." "○○ 참 착하네." 이런 식으로 많이 할 것이다.

부모님은 칭찬을 통해 아이를 통제하기도 한다. 완벽주의나 예민한 아동은 칭찬을 들으면 더 잘해야겠다는 압박감으로 힘들어하기도 하고 어떤 아이는 거짓말을 하기도 한다.

딸아이가 다섯 살 때, 어린이집에서 그려 온 그림을 가지고 온 적이 있었다. 또래보다 월등히 잘 그린 그림을 보고 "채린아, 너무 잘 그린다. 그림에 소질이 있네." 하며 가족들에게 자랑한 적이 있었다. 나중에 알고 보니 그 그림은 내 딸이 그린 게 아니고 일곱 살 언니가 그려서 선물로 주었던 것이었다. 내 딸은 엄마의 칭찬이 좋아서 차마 언니가 그렸다는 말을 못했던 거였다. 나중에 그 얘기를 듣고 딸에게 미안하기도 하고, 칭찬의 역효과에 대해 다시 한번 생각을 해보는 계기가 되었다.

대한민국 사회는 결과 중시, 물질 만능사회가 만연화돼서 사람들과의 경쟁이 치열하다. 좋은 대학, 좋은 직장에 들어가려고 수단, 방법을 가리지 않고 목표를 향해 달려간다. 거기에 도태된 사람은 마음의 병을 얻기도 하고, 성공했더라도 인생의 허무함을 느껴 불행한 사람도 많다. 1등보다는 과정을 봐주고, 그 사람의 발전 가능성, 장점을 더 봐주면 어떨까?

부모님부터 실행에 옮겨보자. 100번의 칭찬보다 격려의 한마디가 아이를 살릴 수 있다. 또한 결과보다 과정을 소중히 여기는 부모가 될 수 있다. 당연히 양육자의 감정 공부에도 도움이 된다. 남의 아이와 비교하지 않고, 내 아이의 장점을 보고 사랑의 마음으로 바라볼 수 있다.

아이가 그림을 그렸다면 잘 그렸다가 아니라 "○○가 열심히 그려서 그림을 완성하니 뿌듯하겠다.", "○○가 그림 그리는 것을 포기 하지 않고 다 그려서 기분이 좋구나." 이런 식으로 아이의 행동에 초점을 맞춰서 격려를 하다보면 결과 우선이 아닌 과정을 중요하게 생각하는 어른으로 자라지 않을까.

제5장

육아퀸으로 다시 태어나다

아직도 어설픈 엄마입니다

나의 100일 동안 화 안 내기 프로젝트는 실패했다. 여러분에게 저 성공했어요. 여러분도 한번 해보시라고 말하고 싶지만, 완전히 대실패였다. 오은영 박사님은 한 번도 화를 내지 않고 육아를 했다고 하던데, 나는 육아의 신이 아니었다. 평범한 엄마다. 내 주위만 봐도 화를 안 내는 엄마는 없다. 나의 엄마도, 우리 언니들도, 내 직장 엄마들도 다 화를 낸다.

화 안 내기 프로젝트를 하면서 느꼈던 점은 있다.

첫째, 참았던 화는 더 큰 화를 불러일으킨다.
둘째, 사람 할 짓이 못 된다.
셋째, 마더 테레사는 마더 테레사니깐 가능한 거다.

넷째, 점점 말라간다.

다섯째, 가식적인 사람이 된다.

여섯째, 엄마가 지금 화가 났지만 억지로 웃고 있다는 것을 아이는 귀신같이 안다. 그리고 그것을 이용한다.

일곱째, 그래도 화를 다루는 방법을 모색하고 노력하려고 한다.

여덟째, 그럼에도 불구하고 다시는 못하겠다.

하지만 예전의 나와 비교해 본다면 난 분명 달라졌다. 아이도 달라졌다. 달라진 모습이 언제까지 갈지는 모르겠다. 분명한 것은 어떻게 육아해야 하겠는지를 명확하게 알았다.

난 어설프다는 이야기를 많이 들었다. 뭔가 하나는 부족한 느낌이랄까. 남들이 어설프다고 하면 기분이 나빴다. 그 말에 뼈는 '넌 모자라다.'라는 말인 것 같았다. 어설픈 나를 인정하기 싫어서 완벽해지려고 노력했다. 내 DNA와 완벽은 멀었는지, 완벽해지려고 노력한다고 완벽할 수도 없을뿐더러 내가 힘들었다.

엄마가 된 나는 '부족한 엄마'가 되기 싫었던 것 같다. 그래서 화를 내는 내가 싫었고, 욱하는 내가 미웠다.

어설픈 엄마라는 것을 인정하기로 했다. 약간 모자라지만, 아이에게 충실한 엄마고, 내 아이를 누구보다 가장 사랑하는 엄마다. 그리고 화를 내는 엄마라는 것도 인정하기로 했다. 가장 중요한 것은 화를 참는 것이 아니고, 화를 어떻게 다룰지가 중요하고 그 후에 어떻게 해야 하는지를 알았기 때문이다.

'나는 네가 싫어서 화를 내는 게 아니고 너의 행동에 대해 화를 내고 있는 거야. 나는 너를 잘 키울 의무가 있어. 그래서 너의 잘못된 행동에 대해 말을 하고 있는 거야.' 또는 '엄마는 감정 조절을 못 하는 사람이야. 화가 나면 어떻게 해야 할지 모르겠어. 화가 먼저 튀어나와. 네가 미워서 화를 내는 것이 아니야. 엄마의 문제야. 엄마가 화를 잘 다룰 수 있도록 노력할게. 미안해.'

아이에게 어떻게 하면 화를 안 낼까에 집중하는 게 아니고 아이와 어떻게 하면 행복하게 지낼까를 생각하기로 했다. 아이와 함께 하는 일상은 길지 않기에 말이다.

아무것도 모르고 열심히 육아할 뻔했습니다

아이를 키우다 보면 아무리 노력한다고 해도 모든 아이가 잘 성장하는 게 아니고, 노력한 만큼 부모에게 큰 보상이 오지도 않는다. 애초에 보상을 바라서 아이를 키우는 부모는 없을 것이다.

하지만 모든 부모님은 아이에게 '기대'를 한다. 어떤 부모는 자신이 이루지 못한 성적과 성공일 것이고, 어떤 부모는 말년에 쓸쓸하게 늙어가지 않도록 자식에게 효도를 바랄 것이고, 또 어떤 부모는 남들에게 부러움의 대상이 되기 위해 내 아이가 그 역할을 해주길 바랄지도 모른다. 우리는 기대라는 이름으로 아이를 통제하려고 한다. 아이 인생의 주도권을 잡아 흔들려 한다. 그래서 자식 교육에 목매달기도 하고, 자식의 미래를 대신 설계해 주기도 한다. 이런 친구 사귀면 안 된다. 이런 남자 혹은 여자 만나면 안 된다. 그쪽 분야는 안정성이 없다. 연봉 많이 주고 안정성만 있으면 최고다 등등 한 사람의 인생 전반을 간섭하려고 한다.

그런 기대감으로 자란 아이는 부모의 기대감에 더 부응 하려고 노력한다. 싫은 공부를 억지로 하고, 남들이 좋다는 대학에 가려고 하고, 잘나가는 직장에 다니려고 한다. 부모가 만든 선로에 이탈하면 문제아 혹은 사회 부적응자가 될까 봐 무서워한다. '나보다 오래 산 부모님 말씀이 맞겠지.' 애써 수긍하며 최대한 이탈하지 않도록 간신히 살아낸다. 그러다 인생을 돌아봤을 때 내 인생은 없고 껍데기만 있는 것 같다. 죽을 때까지 후회만 하다 끝내는 인생도 있고, 늦게라도 방황을 해서 자기 인생을 살려고 노력하는 사람도 있다.

나는 후자에 속한다. 나를 아는 데까지 37년이나 걸렸다. 솔직히 지금도 나를 다 안다고 생각하지 않는다. 그전에는 남들 보기 좋은 삶을 위해 따라 했던 것 같다. 그게 맞는다고 여겼고 정답인 줄 알았다. 그렇게 해야만 행복한 삶이라고 생각했다. 내 취향이나 행복에는 관심을 두지 않았다. 그저 남들에게 인정받고 멋져 보이고 싶었다.

내가 날 몰랐던 건 부모님과의 자립이 안 되었던 것 같다. 결정적 순간이나 중요한 결정일 때는 항상 내가 빠져 있었다.

내 아이는 나처럼 오래 걸리지 않았으면 한다. 아무것도 모르고 아이의 감정 없이 내 욕심만 있는 육아를 할 뻔했다. 내 카르마를 아이에게 넘겨줄 뻔했다. 나를 꾹꾹 누른 채, 아이에게만 집중할 뻔 했다. 당신이 아는 게 전부가 아닐 수 있다. 자식을 위한 거라고 하지만 어쩜 이런 생각들이 아무엇도 모르는 것일 수도 있다. 여행길에서 길을 잃어버려도 새로운 길이 나와 뜻밖의 행운을 만날 수 있듯이, 아이가 인생을 스스로 개척한다면 어쩌면 우리가 우려한 것보다 더 괜찮은 삶을 살지도 모른다. 아이의 인생에 관여하지 말자.

특별한 아이는 없다
고유한 아이만 있을 뿐

다들 한 번쯤은 우리 아이가 특별하다고 생각해 본 적이 있을 것이다. 다른 아기들보다 뒤집기나 걷기를 빨리한다든지, 말이 두 돌이 안 됐는데 유창하게 한다든지, 글자를 빨리 깨우친다든지, 생각지도 못할 상상력으로 나를 놀라게 하기도 한다. 그리고는 우리 아이를 특별하게 키워야겠다고 마음먹는다. 나 역시도 그런 적이 있다.

아이가 아기였을 때, 너무 예뻤다. 50일 사진을 찍으러 갔는데 아기 엄마들이 꽤 있었다. 채린이를 보더니, 아기가 이렇게 예쁠 수가 있냐고 나중에 크면 우리 아들이랑 결혼하자고 했다. 아는 지인분은 우월한 유전자 썩이지 말고 얼른 둘째를 낳으라고 우스갯소리를 할 정도였다. 지나가다 모르는 사람이 아기가 예쁘다고 용돈을 준 적이 있었고, 가게에 가면 아줌마들이 덤으로 뭘 더 넣어 주기도 했다. 그때 난 예쁜 사람들은 이런 특별한 대우를 받는구나 생각했었다. 어깨가 으쓱해지기도 하고, 아기 사진을 올려 SNS에 올리면 댓글이 줄줄 달렸다. 인플루언서가 된 느낌이었다.

난 허황한 꿈을 꾸기 시작했다. '아이가 크면 모델을 시키는 거야. 그러면 사람들에게 인기도 많아지고, 돈도 많이 벌겠지.' 그때부터 아이를 꾸미기 시작했고, 사진은 하루에 백 장 넘게 찍었던 것 같다. 하지만 환상은 오래가지 않았다. 아이는 두 돌이 넘기더니 점점 얼굴이 변했고, 5살이 되자 평범한 얼굴로 변했다.

특별한 아이는 어떤 아이일까? 어릴 때부터 두각을 나타내서 영재 소리를 듣는 아이? 손이 귀한 집안에 자식? 상위 1%의 부모를 둔 아이? 여기에 우리 아이는 해당 사항이 없다. 그러면 특별하지 않은 걸까? 난 개인적으로 특별한 아이는 없다고 생각한다. 아이는 존재 자체가 특별하기 때문이다. 그건 어른도 마찬가지다. 우리는 그 자체로 빛이 나고 특별하다.

아이들은 저마다 고유한 특징과 개성이 있다. 활동 시간에 집중은 못 하지만, 친구가 힘든 일이 있을 때 적극적으로 도와주는 아이, 선생님 말씀을 안 들어서 속을 태우지만, 친구가 다른 친구에게 맞았을 때 가서 대신 막아주는 아이, 아침마다 엄마 보고 싶다고 징징 울지만, 특유의 애교로 사람을 금방 웃게 하는 아이, 공격적인 성향을 갖고 있지만, 선생님이나 친구가 오면 누구보다도 반갑게 인사하는 아이 등 각양각색이다.

어느 날, 하교 후 아이와 아파트 놀이터에서 같은 또래 남자아이를 만났다. 학원 가기 전 잠깐 놀러 나왔다고 하였다. 무엇을 하느냐고 물으니 한자, 한글, 수학, 영어, 미술, 피아노, 수영, 레고 등 주마다 스케줄이 꽉꽉 차 있었다. 5분 정도 놀았나. 엄마가 오더니, 학원가야 한다고 아이와 인사를 하고 헤어졌다. 터벅터벅 걸어가는 아이를 보고 있자니 마음이 찡했다.

엄마들은 내 아이는 특별하니깐 특별한 교육, 특별한 음식, 비싼 옷 등을 사준다. 정작 중요한 것은 뭘까? 아이들이 원하는 것은 뭘까? 교육청에서 놀이 치료하는 친구가 이런 말을 한 적이 있다. 부모들의 지나친 기대와 과도한 사교육으로 마음 아픈 아이가 많다고 한다. 하지만 더 충격인 것은 어머니들이 그것을 인정하지 않으려고 한다. 특히 고학력 부모들이 그런 경향이 많다. 육아에 대해서는 이론이 많고, 그래서 자기 주관이 확실하고, 유능한 부모 밑에서 자란 자기 자식인데 그럴 리 없다고 치료를 늦춰서 아이 망치는 경우를 많이 보았다고 한다.

특별하게 키우겠다는 엄마의 욕심이 아이들의 마음을 아프게 하는 것은 아닐까 하는 생각이 든다. 아이가 가지고 있는 그대로의 고유성을 인정한다면 모든 아이가 그 자체로 특별해 질 것이다.

특별하게 키우려고 애쓰지 말자. 아이를 있는 그대로 바라봐주자.

미니멀라이프 말고, 미니멀 육아

미니멀 라이프가 대세다. 미니멀 라이프는 최소한의 물건으로 사는 것을 말한다. 나도 미니멀 라이프를 지향하는 편이다. 방 안에 잔뜩 있는 물건들을 보면 내 머리까지 정리가 안 되는 듯 보였다. 좀 가볍게 살고 싶어서 미니멀 라이프에 관한 책도 찾아보고, 조금씩 실천하고 있었다. 그러더니 삶의 가치관까지 변화가 왔다. 왜 그동안 많은 물건을 사들였으며, 정작 내가 필요한 것은 몇 개 안 되는 물건밖에 없었다.

미니멀 라이프를 하나씩 실천하다 보니 육아도 미니멀하게 할 수는 없을까 그런 생각이 들었다. 친구를 만나면 난 항상 육아에 대한 죄책감을 이야기했었다. 묵묵히 들었던 친구가 이런 말을 했었다.

"윤정아, 내가 보기엔 넌 정말 대단해. 혼자 아이 키우면서 부지런하게 자기 일도 하고 아이를 항상 생각하잖아. 뭐가 그렇게 미안하고 자책만 하는 거야? 채린이도 누구보다 밝게 잘 크고 있고, 부모 둘 다 있어도 아이 신경 못 쓰는 부모도 많은데 넌 잘하고 있잖아."

친구의 말처럼 나는 좋은 면은 보지 못한 채 항상 후회만 하고 죄책감만 느꼈다. 그동안 육아를 하면서 왜 그토록 쓸데없는 감정에 집착했을까? 아이가 아프면 내가 잘 돌봐주지 않아서 아픈 거라는 죄책감, 발달이 느리면 나 때문인 것 같은 미안함, 순간의 감정을 제어 못 해서 화를 냈던 분노 등 내 육아는 쓸데없는 감정이 많이 실려 있었다. 너무 많은 생각을 하면 과부하가 온다. 정작 중요한 것은 잊어버린다. 난 감정에 치우쳐서 중요한 것은 보지 못했다.

며칠 전, 아이랑 할인마트에 갔었다. 할인마트 가기 전 큰 마트에서 아이가 사고 싶은 것을 하나 샀다. 필요한 물품이 있어, 할인마트에 갔는데 아이가 문구류 쪽을 구경하더니 스티커 북을 하나 사달라고 했다. 나는 큰 마트에서 사고 싶은 것을 샀고, 집에 스티커가 있으니 안 된다고 하였다. 아이는 갖고 싶은 마음에 짜증을 부리며 떼를 썼다. 예전에 나였으면 화가 났을 것이다. 그냥 바로 할인마트에서 나오던가, 비싼 것도 아닌데 하나 더 사주지 하고 말았을 것이다. 감정을 비우고 아이 용돈으로 사라고 했다. 아이가 물었다.

"이거 얼마 하는데?"

"오천 원."

"음. 괜찮네! 나 만 오천 원 있으니깐."

"응. 근데 채린이 구구단 힘들게 외워서 할머니에게 오천 원 받았잖아. 그 돈으로 이거 사도 괜찮아?" 아이는 곰곰이 생각하더니

"아니야. 내가 힘겹게 번 돈인데, 이렇게 살 수 없어. 엄마, 나 엄마의 마음을 알았어. 엄마도 힘들게 번 돈인데 내가 필요하지 않은 거 사달라고 해서 속상했을 것 같아."

아이가 나의 마음을 헤아려 줄 것이라고는 생각 못 했다. 돈의 소중함과 타인의 마음을 헤아리는 마음까지 일거양득을 얻은 것 같았다.

이때의 경험을 통해 쓸데없는 감정에 치우치는 것이 오히려 육아에 해가 된다는 것을 알았다. 뭘 더 하려고 하지도 말고, 뭘 더 주려고 하지도 않는 것이 엄마인 내 마음도 편해진다는 것을 깨달았다. 조금 덜 미안해해도 된다. 조금 덜 죄책감 가져도 된다. 그러면 어떤가? 엄마인 나조차 부족한 사람이다. 너무 애쓰지 말자. 죄책감, 미안함, 부질없는 감정들은 내려놓고 아이를 사랑하는 마음만 남기고 육아하자. 앞으로 행복한 일만 만들어가 보자. 감정을 내려놓는 순간. 어쩌면 아이는 당신이 생각하는 것보다 훨씬 더 잘 성장할 수도 있을 테니까.

지친 엄마라면 '나'로 먼저 살아가세요

2018년 난 일을 그만두었다. 직장, 육아 스트레스로 역류성식도염은 만성이 되었고, 약을 먹었지만 나아지지 않아 밥을 먹으면 소화가 안 돼서 온종일 울렁거림, 목이 타들어 가는 통증으로 괴로웠다. 또 1년 전에 나를 고생 시켰던 원형 탈모가 재발하였다. 탈모 부분이 걷잡을 수 없이 커져 한쪽 머리로 가려도 휑하게 보일 정도였다. 몸이 아파지자 마음마저 아팠다. 무기력감은 이루 말할 수 없었고, 우울감은 나를 집어삼킬 정도였다. 몸과 마음이 이런 상태여서 도저히 살아갈 수가 없었다. 이렇게 방치하다 나에게 꼭 안 좋은 일이 더 생길 것만 같았다. 이렇게 살다 죽으면 아이는 어쩌고, 내 인생은 뭐였지 이런 생각이 들었다.

돈 문제가 제일 걸렸지만, 그동안 모아둔 돈으로 생활을 하자, 일단 지금은 나를 건져 내야 한다는 생각이 컸다. 부모님에게는 차마 딸이 아파서 그만둔다고 말할 수 없었다. 대학원에 진학해야 하고, 일과 병행하기에는 대학원 일정과 맞지 않아서 잠시 일을 쉬려 한다고 안심시켰다. 때마침 친정엄마 가게 일도 바쁠 때라 일을 도와주겠다고 했다. 부모님은 흔쾌히 그러라고 하셨고, 난 일을 그만두었다.

일을 그만두고 일주일 정도는 쉬었다. 아이를 어린이집에 보내고 영화를 보러 갔다. 출근하는 사람들 틈에서 영화관을 가는 기분은 꽤 좋았다. 맥주 한 캔과 나초를 사고 상영관에 들어갔다. 아침이어서 사람들도 별로 없었다. 널찍이 앉아서 캔 뚜껑을 따고 마셨다. '와, 행복하다.' 언제 느껴 본 행복이었지? 새삼 눈물이 났다. 별거 아닌 이 일상이 그리웠구나! 그런 생각이 들었다. 나는 일주일 동안 그동안 못해 본 것을 했다. 만화방에 가서 실컷 만화 보고 뒹굴어 보기도 하고, 코인 노래방에 가서 2시간 동안 꽥꽥 노래를 불렀다. 시간이 맞는 지인과 근사한 레스토랑에 가서 브런치도 하고 커피숍에 가서 여유를 즐겼다. 정말 나만의 시간을 보냈다.

그렇게 일주일을 보내고, 대학원 수업을 들으러 강의실로 갔다. 다양한 나이층에 사람들이 있었다. 20대부터 60대까지 모여 토론 형 수업을 하였다. 처음에는 오랜만에 학교에 들어 온 거라 어떻게 해야 할지 몰랐다. 논문을 찾는 방법도, 발제하는 방법도 몰랐다. 학부 때처럼 교수님 강의를 듣고 시험을 보고, 과제만 하는 줄 알았지, 강의를 이끌어 가야 한다는 것도 몰랐다. 고군분투하며 수업을 듣던 중, 어느 날 교수님이 '당신은 얼마나 행복한가요?'라는 질문에 점수를 매겨 보자고 하였다. 행복도는 0점에서 5점이었다. 고민이 되었다. 나의 행복도는 2 정도였다. 내 삶에 썩 만족하지 않았다. 사실대로 말하면 나를 너무 우울한 사람으로 볼 것 같아, 중간인 3점을 말하자고 생각했다. 다른 사람들도 별반 차이 없겠지 생각했는데, 아뿔싸 나 빼고 다 4.5에서 5점이었다. 이렇게 많은 사람이 자기 삶에 만족하면서 살고 있다니 나에게 충격으로 다가왔다.

결혼 전, 한 친구가 나에게 이런 말을 한 적이 있었다. "윤정이 너는 항상 밝고 유쾌한 사람이어서 즐거운 남자를 만날 것 같아." 나는 그런 사람이었다. 인생이 행복했고, 걱정이 없었고, 순수했다. 하지만 지금의 나는 정반대의 삶을 살고 있었다. 돌아오는 차 안에서 얼마나 울었는지 모른다. 내가 가엽기도 하고 불쌍했다. 아이를 키우느라고, 생계를 책임지려고 나를 잊고 살았구나. 다시 행복했던 나로 돌아가 보자. 큰 결심을 했다.

먼저 나를 꾸미기 시작했다. 푸석한 얼굴에 마스크 팩도 붙여 보고, 유튜브를 보면서 화장법을 익혔다. 화장품 가게에 가서 형형색색의 섀도와 립스틱, 메이크업 쿠션을 샀다. 사는 것 자체만으로도 기분이 좋았다. 집에서 화장해보고, 나와 가장 잘 맞는 섀도, 립스틱 색을 찾았다. 그리고는 쇼핑하였다. 나는 원래 꾸미기를 좋아하는 사람이었다. 그동안 사는 게 바빠서 트렌드를 몰랐다. 아이 키울 때 편한 옷을 주로 입었다. 가끔 아가씨 친구를 만나면 내심 부러웠다. 멋스러운 패션과 단정한 메이크업, 세련된 가방과 구두, 그에 비해 나는 집 앞 마실 나온 아줌마 같았다. 사람들의 패션을 눈여겨보고 온라인 쇼핑몰을 구경했다. 나에게 어울릴 것 같은 옷을 구매했다. 그렇게 난 한껏 치장하고 오랜만에 친구들을 만났다.

"윤정아, 너 뭐 좋은 일 있어?"

"아니, 왜?"

"너무 예뻐졌다. 1년 전인가 봤을 때는 솔직히 안색이 너무 안 좋았어. 혹시 무슨 일이 있는 게 아닌가 걱정했는데, 딴 사람 같다."

외모가 변하니, 나도 들떠 있었고 그게 얼굴로 나왔나 보다. 오랜만에 듣는 칭찬이었다.

그리고는 대학원 수업에 열중했다. 대학교 학부 때 어린이집 정교사 자격증을 땄다. 과도 유아교육과가 아니었다. 10년이 흘려서 어린이집 교사를 하는 거라 다른 선생님들에 비해서 뒤처지는 게 많았다. 늦은 나이에 아이를 키워 보았던 경험 하나로 어린이집 교사 일에 뛰어들었다. 일을 할수록 전문적인 선생님들을 보고 주눅이 들었다. 그런 모습을 아신 걸까? 하루는 원장님이 이런 말을 했다.

"선생님은 선생님 같지 않고 꼭 엄마 같아."

아무 말도 할 수 없었다. 나에게 비수가 되었다. 나의 모자람을 다 들켜버린 것 같았다. 그 말에 더 자신감이 없어지고, 일이 버거웠다. 그렇게 3년을 버텼다. 실전은 어느 정도 쌓였으니, 이론에 대해서 더 알고 싶었다. 한창 듣고 있던 과목이 놀이 치료 과목이어서 재미있게 들을 수 있었다. 강의를 들으면서 이해할 수 없던 아이 행동, 내가 맡았던 반에서 나를 힘들게 했던 아이들의 마음을 어느 정도는 이해할 수가 있었다.

그리고 아이도 나의 불안정한 상태를 알고 있는지, 커 갈수록 떼도 늘고 울음도 많아졌다. 나는 배운 내용을 그대로 아이에게 적용해보았다. 효과가 있었다. 역시 아는 만큼 보인다고 나도 준전문가처럼 아이를 키울 수 있겠구나! 자신감이 생겼다.

아이와 사이도 좋아지고, 일도 안 해서 스트레스도 안 받고 내 인생에 괴로움은 이제 없었다. 오랜만에 정말 행복했다. 카페에 앉아 노트북을 켜고 강의 준비를 하는 시간도 좋았다. 어린이집 하원 후 아이와 동네 아이스크림 가게에서 아이스크림 사 먹고 도서관 가서 책도 읽어 주었다. 놀이터에서 신나게 술래잡기 놀이하는 일상이 좋았다.

대학원 발표 수업 준비를 하면서 한 영상을 보았는데 충격적인 장면을 보았다. 유튜브에서 갓난아기들이 엄마의 표정을 보고 반응하는 태도가 달라지는 영상이었다. 엄마가 아기를 바라보며 한없이 웃으면 아기는 웃음으로 반응하고 갑자기 엄마가 무표정으로 변하면 아기는 당황하며 웃어 보이다가 엄마의 눈치를 보며 울먹이는 표정을 하기도 하고 딴 곳을 보기도 했다. 이 영상을 보면서 우울증에 걸린 엄마는 자기가 그런 표정을 짓는지도 모르고 있을 거란 생각에 가슴이 아팠다. 나 역시 우울감에 빠져있을 때 그 순간에는 자기감정에 빠져 아이가 볼 거라는 생각을 못 했다. 육아와 일을 하느라 힘이 든 엄마가 있다면 한번 자기 자신을 위해 살아보자. 사소한 것도 좋다. 자기 삶의 활력을 줄 수 있는 것이면 된다. 아이들은 부모님을 보며 자란다. 자기 자신을 돌봐야 좀 더 아이를 대할 때, 아이들 말에 더 귀를 기울이고 긍정적 말과 표정을 해줄 수 있다.

아이에 대한 욕심을 버리니 친구 같은 엄마가 되다

아이를 키우다 보면 욕심이 생긴다. 나와 사랑하는 남편과 반반의 유전자를 가진 내 아이, 그 누구보다 특별하다. 특별하게 키우고 싶은 욕망이 든다. 나와 내 남편이 이루지 못한 꿈을 이 아이는 무한한 가능성으로 꼭 이뤄줄 것이라는 생각이 든다. 과연 이 욕심이 아이를 행복하게 할까? 욕심 때문에 정작 중요한 것은 놓치고 있지 않은지 생각해 봐야 한다.

아이가 초등학교 입학을 하고 2학기가 되었다. 2학기가 되면서 반장 선출을 한다고 했다. 할머니, 할아버지는 내 딸에게 반장을 하라고 하신다. 반장이 되면 용돈을 주겠다고 아이를 살살 꾀었다.

"엄마, 할아버지가 나보고 반장 되래."

"채린이는 하고 싶어?"

"아니."

"왜 안 하고 싶어?"

"반장이 되면 아이들을 도와줘야 하잖아. 힘들 것 같아."

"그래, 채린이가 안 하고 싶으면 안 해도 돼. 엄마도 초등학교 때 반장을 했었어. 근데 엄마는 반장이 힘들더라고. 반장이 나랑 맞지 않다는 사실을 깨달았어. 채린이도 안 해보았던 경험이니깐 하고 싶은 마음이 들면 그때 도전해봐도 돼."

어렸을 적, 내 위에 언니 두 명은 해마다 반장을 했었다. 부모님들은 기뻐하셨다. 언니들 보다 잘난 것이 없는 내가 어떻게 하면 부모님을 기쁘게 해드리지, 그 생각을 했었다. 그래서 반장이 되도록 노력했고, 난 반장이 되었다. 하지만 나는 천성이 소심하고 여리고 남들 앞에서 잘 이야기를 못한다. 반장은 적성에 맞지 않았다. 반장을 맡은 동안 무척 힘들었던 게 기억에 남는다. 이런 경험을 겪어서 그런지 최대한 아이에게 욕심을 부리지 않으려고 한다. 물론 나 역시 우리 아이가 리더십 있고 친구들을 아우르는 사람이 되면 좋겠다고 생각하지만, 그건 내 욕심이라는 것을 안다.

부모가 욕심을 부려서 아이를 망친 경험을 숱하게 보았다. 전문직이 최고라며 치맛바람으로 명문대를 보내고 마흔 살 가까이 고시 공부를 하는 아들 뒷바라지하는 엄마 친구분, 부모님이 원하시는 공무원이 됐지만, 만족을 못 해서 우울증에 시달리는 친구 언니, 부모님이 원하시는 결혼을 했지만, 정이 없다며 남보다 못한 결혼생활을 하는 친구. 내 주위의 일만이 아니라는 것을 안다. 우리는 다양한 사례를 보고 경험하면서도 또 내 자식에게 똑같은 행동을 한다.

무슨 일이든 아이의 의사가 중요하다. 에세이 베스트를 보면 나답게 사는 법, 자존감을 높여주는 법 등을 알려주는 책들이 많다. 그 말은 얼마나 많은 어른이 자기 모습을 숨긴 채 살고 있는지 알 수 있다. 내 아이는 어른이 돼서도 부모의 기대로 자기를 숨기며 안 살았으면 한다.

어느 한 예능프로에서 인기 개그맨 K가 우연히 지나가는 아이와 대화를 하다가 커서 훌륭한 사람이 되라고 했다. 그러자 인기가수 L이 이런 말을 한다. "뭘 훌륭한 사람이 돼. 그냥 아무나 돼."라고 말한다. 이 얼마나 사이다 같은 발언인가 그깟 리더나 주류가 안 되며 어떠냐 하루하루 세끼 잘 챙겨 먹고 자기 좋아하는 일 하며 나답게 스트레스를 덜 받으며 감사하는 마음으로 아이가 이 세상을 살았으면 한다.

평범한 하루 속에 같이 고민을 나누며, 맛있는 것을 함께 먹고 싶다. 좋아하는 일을 같이 나누는 친구 같은 그런 엄마가 되고 싶다.

가끔 흔들릴지라도 자책할 필요는 없다

자기만의 소신 있는 사람도 육아하다 보면 흔들릴 때가 있다. 내가 결정한 사항들이 아이 미래까지 영향을 끼칠 수 있기 때문에 두렵기도 하다. 세상에 완벽한 선택은 없다. 그때의 선택이 그 상황에서는 최선의 선택이었을지도 모른다.

나의 한 달 월급은 92만 원이다. 4시간 어린이집 휴게 선생님으로 일하고 있다. 사람들은 그 돈으로 생활이 가능하냐고 묻는다. 내가 90만 원으로 생활한 날은 중간에 정규 일을 한 날을 제외하고는 2년이 좀 더 된다. 처음에는 악착같이 일하다 몸에 이상이 생겨서 쉴 겸 일을 쉬었고, 지금은 아이를 위해 일을 줄였다. 나의 생활비는 이렇게 쓰인다.

주거는 다행히 부모님이 경제적으로 여유가 있고, 내 집이 가족들과 사는 데 멀다 보니 아이의 정서상 부모님 집에 얹혀살고 있다. 집에 텃밭이 있어서 야채는 키워서 먹고 있고, 장을 보거나 공과금을 보태면 20만 원 정도 든다. 보험비와 주유비를 제하면 50만 원이 남는다. 30만 원 정도는 용돈과 아이에게 쓰고, 20만 원 정도는 저축한다. 부모님 생일이라든지 급히 나가야 할 돈이 있으면, 모아둔 돈에서 해결하고 그다음 달은 더 허리띠를 졸라맨다. 여행을 갈 때는 재테크를 활용해서 다녀왔다. 아직 큰 어려움 없이 생활하고 있다.

아이의 교육비를 줄이기 위해 엄마표 교육을 하고 있다. 독서 교육을 위해 학교가 끝나면 도서관에 가서 책을 읽고, 빌린다. 창의성과 상상력을 키우기 위해 제주도라는 이점을 적극적으로 활용해서 사계절 내내 숲에 가기도 하고, 바다에 놀러 가기도 한다. 흥미를 갖는 부분에는 박물관을 예약하기도 하고, 각종 전시회 등을 알아본다. 영어교육을 위해 일주일에 서너 권 영어책을 읽어 주고, 같이 단어 공부를 하고 게임을 한다. 예체능 교육은 집에 있는 피아노로 한다. 유튜브를 켜서 아이 수준에 맞는 레슨을 같이 듣고 따라 해 본다. 학원을 안 보내는 대신 방과 후 수업을 적극적으로 활용한다. 바이올린, 미술, 방송 댄스를 보낸다. 연습용 바이올린을 사줘서 틈틈이 연습한다.

가끔 돈이 부족할 때나 내 진로를 고민하면 일을 해야 하나? 라는 생각을 했었다. 또한 해주고 싶은 게 많은데 돈이 없어서 못 해 줄 때마다 자책했다. 이것밖에 못 해주는 엄마여서 미안하기도 했다. 아이가 커 갈수록 돈이 많이 들 텐데 미리 저축해야 하는 게 아닌가 하는 생각으로 불안할 때도 있었다. 하지만 일곱 살 때 애정 결핍이 있던 아이는 초등학생이 되었고, 생활기록부에는 학습 태도가 좋고 활발하고 친구들과 잘 어울리며, 다양한 책들을 읽어서 친구들에게 모범이 된다는 내용이 있었다. 뿌듯했다. 나의 고생과 노력이 헛되지 않았다는 생각이 들었다. 그래서 난 당분간은 일을 많이 안 하기로 했다. 최대한 아이와 함께하는 시간을 늘리고 싶어 노동보다는 또 다른 부수입으로 돈을 늘리려고 노력하고 있다.

어렸을 적 학교를 끝마치고 집에 돌아오면 항상 혼자였다. 용돈으로 동네 떡볶이집에 가서 간식을 해결했고, 근처 공터에 앉아 엄마가 오길 기다렸다. 가끔 비가 많이 오거나 일이 있을 때, 엄마가 집에 계셨는데 그때는 집에 가는 발걸음이 가벼웠다. 집에 엄마가 있다는 그 사실만으로 행복했고, 신이 났다. 엄마가 해준 따뜻한 간식, 엄마 품을 잊지 못한다.

난 내 아이가 많이 외롭지 않았으면 한다. 엄마 품을 더 많이 기억했으면 한다. 경제적으로는 풍족하게 못 해주어도 정서적으로 엄마의 사랑이 풍족하게 채워졌으면 좋겠다. 그래서 지금 내가 쏟고 있는 시간과 돈을 벌 수 있는 기회비용이 아깝지 않다. 아이의 성장은 더 큰 행복과 기쁨으로 올 거라는 것을 알기 때문이다.

엄마는 아이를 키우는 것 그 자체로 엄청난 일을 하는 것이다. 남의 집 부모처럼 돈을 못 벌어도, 물려줄 게 없어도, 해줄 수 있는 게 아무것도 없어도 괜찮다. 자책할 필요가 없다. 지금도 충분히 잘하고 있다. 아이와 자신을 위한 선택을 하다보면 뜻밖의 행운이 찾아 올 수도 있고, 기회가 생길 수 있다. 아이를 기른다는 것 그 자체로 대단한 사람이라는 것을 잊지 말자.

엄마와 아이 이상적인 관계는 없다

우리는 모든 관계에서 이상적인 관계를 꿈꾼다. 단란한 가족, 서로를 위해주는 연인, 나를 아껴주고 존경하는 부모 관계, 말하지 않아도 내 마음을 알아주는 친구. 이상적인 관계를 맺으려고 노력도 하고, 때로는 서로에게 실망해서 싸우기도 한다. 심지어는 관계 회복이 안 돼서 등을 지기도 한다.

나도 이상적인 관계를 꿈꿨다. 하지만 잘 안 되었다. 부모님들에게 인정받으려고 노력했으나 잘 안 되었고, 항상 비교하고 나를 있는 그대로 인정하지 않는 부모님에게 서운했다. 사랑하는 남자를 만나 서로에게 이 세상에서 가장 소중한 존재가 되고 싶었지만, 신뢰가 깨지면서 관계는 끝나 버렸다. 이십 년 지기 친구와 속마음을 터놓고 서로 의지를 하며 누구보다 서로의 마음을 알 거라고 생각했지만, 너무 가까워서 그랬던 것일까? 서로를 진심으로 귀하게 여기지 못했다. 익숙함이 편하게 다가왔고, 그 편함이 서로에게 막 대하므로 이어졌다. 그렇게 친구와 점점 멀어져갔다.

난 아이에게도 이상적 엄마가 되고 싶었다. 아이가 아무리 떼를 써도 활짝 웃어 주는 엄마, 마음은 태평양처럼 넓어서 아이의 모든 것을 담아줄 수 있는 엄마, 이성적이지만 아이의 슬픔과 힘듦을 공감해줄 수 있는 엄마. 그런 엄마가 되고 싶었다.

하지만 나에게 육아는 녹록지 않았다. 내가 화가 많고 감정 조절을 못한다는 사실도 육아를 통해 알았다. TV나 유튜브 각종 육아서에서 완벽하게 육아를 소화하는 엄마를 보고 미친 듯이 부러워했다. 그리고 끊임없는 자책으로 나를 바닥 밑까지 내몰리게 했다. 그러면 그럴수록 육아는 더 힘들었고, 아이와의 관계는 개선이 되지 않았다. 나만 노력하는 육아인 것 같아 나를 더 힘들게 했다.

심리사회 이론의 에릭슨은 어머니의 일관성 있고, 민감한 반응은 아기가 어머니에게 기본적인 신뢰감을 형성한다고 한다. 그 신뢰감은 앞으로 맺게 될 다른 사람과의 인간관계에 영향을 미친다. 엄마와의 신뢰감이 형성되지 않으면 그 아이는 커서 인간관계에 힘들어할 가능성이 크다.

내 아이는 엄마와의 관계를 통해서 사람과의 갈등 해결 방법도 배우고 사랑하는 사람에게 어떻게 해야 하는지 알았으면 한다. 내 아이가 나를 통해서 다른 사람과 잘 지내기를 바라고 나와는 다르게 인간관계를 힘들어하지 않으면 한다. 인간관계 맺는 법을 잘 터득해 나갔으면 좋겠다.

나도 부모와 마주하고 싶다. 그동안 응어리진 것을 풀고 싶다. 하지만 그 걸 풀 용기도, 부모의 의향도 모르겠다. 이건 내가 앞으로 풀어야 할 숙제 다. 하지만 난 내 아이와는 그러고 싶지 않다. 마주하고 싶다. 그런 관계가 되고 싶어 갈등이 있을 때 피하는 게 아니고 맞춰가고 싶다.

세상에 이상적인 관계는 없다. 이상적으로 보이는 관계도 겉만 그렇게 보이거나 아니면 한쪽에서 많이 참아주고 노력하는 경우 일 것이다. 난 아 이와 말년에 다정한 노부부처럼 살고 싶다. 결혼 생활을 하면서 울기도 하 고, 힘든 상황도 있고, 어떨 땐 포기하고 싶지만 오랜 세월 결혼생활을 유 지 할 수 있는 건 그 사람에 대한 신뢰와 믿음일 것이다. 난 끊임없이 맞추 려고 노력할 것이고, 세상에 단 하나뿐인 내 아이에게 사랑을 주고 싶다.

나는 연애하는 엄마입니다

연애와 엄마는 연관이 없는 단어로 보인다. 아니 연관이 되면 사회적 큰 물의를 일으키는 말이기도 하다. 유부녀에게 연애는 해서는 안 될 금기 단어이기 때문이다.

난 싱글 맘이다. 아이가 어느 정도 크고 나서 우연한 기회에 연애했었다. 이혼하고 내 인생에 남자는 없으리라 생각했다. 남자에 이미 질릴 대로 질린 상태였다. 그리고 누군가를 만나는 게 부담이 됐다. 아이 때문이었다. 먼저 이혼한 친구가 이런 말을 한 적이 있다.

'아이를 낳은 건 내 얼굴에 보이지 않는 낙인을 찍는 거라고.'

그 말은 아기를 낳은 것은 지울 수 없는 일이고, 평생 엄마로 살아야 한다는 말이었다. 남편과 헤어지고 난 아이를 잘 키울 수 있다고 믿었다. 아빠의 빈자리가 내심 마음에 걸렸으나 누구보다 잘 키울 거라고 결심했다. 하지만 싱글맘의 하루는 녹록지 않았다. 어린아이를 아침 일찍 어린이집에 맡기고 일을 하러 나가야 했다. 퇴근하면 부랴부랴 아이를 찾고 저녁을 먹이고 씻기고 잠시 놀아주다 같이 잠이 들었다. 나에게는 돈 모으는 것, 아이를 키우는 것 말고는 여유가 없었다. 아이가 아픈 날에는 바쁘신 부모님, 직장과 아픈 아이에게 죄인이 될 수밖에 없었다. 간호하느라 밤을 꼴딱 세고 다시 일하러 나갔다. 몇 년을 그렇게 살다 잠이 오지 않는 날에는 사무치는 외로움과 앞날에 대한 불안함을 견뎌야 했고, '혼자 내가 아이를 잘 키울 수 있을까?' '아이는 같이 낳았는데 왜 나 혼자 다 감당해야 하는 거야?'라는 두려움과 절망감이 나를 괴롭혔다. 마치 끝이 없는 어두운 동굴을 혼자 걷는 기분이었다. 이혼하고 다짐했던 내 결심은 흔들렸고, 난 남편에게 받지 못했던 사랑을 아이에게 갈구했으며, 남편에게 투정 부리듯이 아이에게 화를 내고 있었다.

　그렇게 남편에게 못 채웠던 사랑을 채우고 싶어 우연히 찾아온 사람과 연애를 했었다. 나에게 오랜만에 설렘이 찾아왔다. 나는 엄마이기 전에 여자였던 것이었다. 연애의 설렘과 행복은 아이가 주는 기쁨과는 또 다른 것이었다. 육아와 일에 치여 약간의 우울증이 있었던 나에게 생기를 주었다. 언제나 나보다는 아이가 우선이었는데, 그 사람은 나를 우선으로 대해 주었다. 나의 아픔을 특유의 유머로 위로해주었다.

　솔직히 아이만큼 내가 누구를 사랑할 수 있는지를 느꼈다. 싱글맘 중에서 애인을 만나고 사리 분별을 못 해 아이를 방치하는 사람들이 있다. 난 예전에는 그런 분들을 이해 못 했다. 하지만 내가 연애를 해보니 조금은 이해할 수 있었다. 뼛속같이 그녀의 인생을 경험해 보지 않았다면 누가 그녀에게 돌을 던질 수 있을까?

물론 부모로서 책임을 저버리는 것은 마땅히 지탄받아야 하지만 그 엄마는 외로움을 넘어 수많은 절망감에 살아야 했을 것이고, 인생을 놓아버리고 싶은 순간에 찾아온 사람일 것이다. 그리고 살고 싶어 내 소중한 아이도 져버리고 그렇게 그 사람에게 목매달 수밖에 없는 현실이었을 것이다.

나의 행복할 것만 같았던 연애는 길지 못했다. 우선 육아와 연애를 병행하기에는 여유가 없었다. 아직 아이는 엄마의 손길이 많이 필요했다. 주중에는 아이에게 집중하고 주말 하루는 남자 친구를 만났지만, 엄마의 부재는 아이를 외롭게 했다. 또한 감정의 여유도 없었다. 남자 친구는 조금 더 자신에게 집중하길 바랐지만 나는 아이와 연애, 내 삶의 균형을 이루려고 노력했고, 아이의 비중을 줄일 수 없었다. 그리고 마지막으로 헤어질 수밖에 없던 이유.

그 사람은 나와의 미래를 생각했지만 난 미래가 없었다. 가끔 결혼 이야기를 하는 그 사람에게 나는 결혼 생각이 없다. 단지 지금은 당신이 좋아서 만나는 거라고 매몰차게 말할 수밖에 없었다. 난 아이 엄마였고, 나 때문에 아이가 선택의 여지 없이 새로운 환경에서 살 게 할 수가 없었다. 그리고 두렵기도 했었다. 사람의 감정은 언제든지 변할 수 있는 거고, 사랑이 식었을 때 아이와 내가 부담스러운 존재가 되는 것이 싫었다. 또한 아이가 있다는 이유로 그 사람과 시댁에 눈치를 보며 살아야 한다는 것도 내키지 않았다.

아버지는 이혼한 딸을 보며 가끔 말한다. "어쩌다 내 딸이 이렇게 쓸쓸하게 살아가게 되었나. 남편 사랑도 못 받아보고 아이만 키우다 젊은 시절 다 보내게 생겼네. 아이 조금 크면 너 인생 찾아 떠나라. 아이는 아빠, 엄마가 키울게." 하지만 난 그럴 생각이 없었다. 아이가 없는 삶은 더는 나에게 의미 없는 삶이었고, 상상도 하기 싫은 삶이었다. 난 평생 얼굴의 낙인을 지울 수 없는 엄마였다.

나의 연애는 그렇게 끝이 났다. 요즘 "얼굴이 예뻐졌네. 연애하는 거 아니야?"라는 소리를 듣는다. "아직 아이가 어린데, 연애할 시간이 없어요."라고 웃으며 말한다. 난 아이가 많이 클 때까지 연애를 쉬기로 했다. 아이에게 더 집중하고 싶다. 예전에는 나의 시간과 내 삶을 아이에게 나눠 써야 한다는 생각이 나를 힘들게 하기도 했었다. 가끔은 짐처럼 느껴지기도 했었다. 아이만 키우다 내 인생이 끝나버리는 건 아닌가 불안함도 있었다. 하지만 요즘 나는 진심으로 내 시간을 아이에게 쓰고 있다. 그 시간이 절대 헛되지 않다는 것을 믿는다. 다시 오지 않을 이 순간을 마음껏 즐기기로 했다. 세상에 절대 헛된 경험은 없듯이, 연애 경험을 통해 아이의 소중함을 다시 한번 깨달았다. 난 아무래도 엄마일 수밖에 없는, 엄마의 삶이 좋은 엄마였다.

또한 나는 희생하고 욱하지 않는 엄마로 살기를 포기했다. 그 대신 연애하듯이 적당한 긴장감과 거리를 두고 나를 꾸미고 나와 아이가 성장할 수 있는 관계를 만들기로 했다. 어차피 아이를 혼자 키워야 한다면 베스트 프렌드 남자 친구처럼 서로를 사랑하고 존중하며 어떨 때는 격렬하게 싸우기도 하고 화해하고 조금씩 서로를 알아가면서 정을 쌓는 관계를 맺고 싶다. 그게 내가 말하는 부모와 자녀의 관계다. 그래서 난 오늘도 아이와 연애하면서 육아를 하고 있다.